油液健康监测试验技术

李 川 白 云 喻其炳 周 弦 著

科学出版社

北 京

内 容 简 介

本书基于油液健康监测的故障诊断技术与试验系统，制定在线监控装备在用油品的关键指标，实时反映装备在用油液的劣化、污染、机械磨损等状态变化趋势，及时预防装备（关键部件）重大事故的发生，为用户制定合理的换油周期与维修决策提供科学依据。

本书可供从事油液检测、设备健康管理、工业大数据等领域研究的科技人员参考，也可供人工智能、机械工程、可靠性管理等相关学科的教师、研究生和高年级本科生阅读。

图书在版编目（CIP）数据

油液健康监测试验技术／李川等著. —北京：科学出版社，2024.10
ISBN 978-7-03-073925-4

Ⅰ. ①油…　Ⅱ. ①李…　Ⅲ. ①磨粒-在线监测系统　Ⅳ. ①TG739

中国版本图书馆CIP数据核字（2022）第224932号

责任编辑：张海娜　纪四稳／责任校对：王萌萌
责任印制：赵　博／封面设计：蓝正设计

科 学 出 版 社 出版
北京东黄城根北街 16 号
邮政编码：100717
http://www.sciencep.com

北京富资园科技发展有限公司印刷
科学出版社发行　各地新华书店经销

*

2024 年 10 月第　一　版　开本：720×1000 1/16
2025 年 1 月第二次印刷　印张：13
字数：265 000

定价：128.00 元
（如有印装质量问题，我社负责调换）

前　言

油液健康监测是机器状态监测和诊断的关键技术手段之一，适用于大多数工业的预知检修。监测服役装备油液的意义与监测人体血液的意义类似，通过定期采集油样进行试验分析或在设备油路中增加油液监测传感器实现在线监测，辅助诊断设备磨损形式、原因、程度、部位及预测其磨损发展趋势，是磨损类设备失效原因分析较为有效的方法。此技术的先进性在于通过监测使用中的油液来对设备当前的工作状况以及未来工作状况做出判断，从而为设备的维护和定期检修提供正确而有效的依据，达到预防性维修的目的。

本书共6章：第1章为绪论，提出油液健康监测的背景及意义，介绍国内外研究现状；第2章介绍电容式、电感式、光纤式、超声波、显微图像等五种油液磨粒监测技术；第3章介绍油液磨粒电磁特征及故障退化机理，以及多源信号特征提取技术，在此基础上设计研发新型油液磨粒监测传感器；第4章介绍飞行姿态下的油液监测技术，在分析飞行姿态、温度、介电常数、磨粒等因素影响机制的基础上，设计高效的油液液位估计模型及测试平台；第5章介绍油气混合分离性能测试平台；第6章介绍油液磨粒在线监测平台及试验仿真。

本书由李川、白云、喻其炳和周弦共同撰写，其中第1章由喻其炳负责，第2章由白云负责，第3章由白云和喻其炳负责，第4章由喻其炳和周弦负责，第5、6章由李川和白云负责，全书由李川和白云统稿。课题组的相关老师、博士后和研究生参与了本书的整理和校对工作，广东省智能制造系统健康监测维护工程技术研究中心、四川新川航空仪器有限责任公司为本书的成稿提供了支持，在此一并表示感谢。

本书的部分工作获得国家自然科学基金项目(52175080、72271036、71801044)、广东省基础与应用基础研究基金联合基金项目(2019B1515120095)等的支持，特此感谢。

限于作者水平，书中疏漏或不足之处在所难免，恳请广大读者批评指正。

作　者

2024年3月

目　　录

第1章 绪 论

1.1 研究背景及意义

1.1.1 研究背景

随着我国装备制造业的快速发展，机械设备向大型化、高功率、自动化和高速重载等方向发展，因此导致机械设备故障的原因也更加复杂化，设备故障和故障基本表现的关联性逐渐减弱，维修工程师因为没有获取到精准的机器运行参数而无法对服役装备的健康状况进行全面和精准的掌握与评析。新一代信息技术、传感器技术、物联网技术等的飞速发展，为机械设备故障诊断提供了技术支撑。在新技术的加持下，服役装备的运行信息可以被实时、多维度采集与分析，最终实现服役装备的健康管理。同时工程师迫切需要对大型传动设备的运行状况开展实时监控并展开维修保养管理。

对于动力传动设备，滑油就是设备的"血液"。动力传动设备里有很多种类的摩擦副，会由于机件磨损而产生磨粒。磨粒可以体现设备的基本运行情况，通过分析磨粒从而判断设备运行状态并预警设备故障。磨粒监控解析的方向是抓取磨损部位磨粒的数量、大小、质地、形状等标识性数据，将其和设备磨损状态建立对应关系。摩擦产生的磨粒会进入润滑系统，并随之滑动，影响机械设备工作可靠性及使用寿命[1]。因此，可以说滑油中包含着设备运行状况下的大量信息。机械设备工作油液(如滑油、液压油)中携带了大量的设备磨损状况信息，现代机器状态监测与故障诊断的重要技术之一就是油液分析技术。油液分析技术是依靠解析被监测设备添加滑油(或工作介质)后的工作状态变化，分析关键油品性能指标(如油污染、微观状态、磨粒信息等)，评价设备的运行状况和预警异常的发生，找出异常原因和故障类型，并提出故障的解决办法。油液分析技术的水平重点表现在油液分析状态监控系统的技术水平、磨粒分析与滑油状态的监控措施，以及分析监测仪器的功能等方面。在机械设备运行过程中，油液中金属磨粒一般为悬浮状态，当油液流动时，金属磨粒也随之流动。了解磨粒的状态信息(磨粒监测)非常重要，因为在工程应用中，悬浮在油液中的磨粒状态能够反映机器的工作状态。现阶段的磨粒监测方法主要有以下几种：颗粒计数法、超声检测法、红外光谱分析法、磁塞检测法和铁谱分析法等[1]。目前，油液磨粒状态监测分为两种形式，即离线监测和在线监测。以往监测方法基本采用离线监测，离线监测技术具有反馈失效不足、分析时间长、取样过程和分析结果的反馈具有滞后性等缺点，同时还存在取样数量的限制，很难取到稳定且有代表性的油样。因此，在许多应用领域，在线监测技术已逐渐替代离线监测技术。在线监测的主要优点包括：结构实时性、过程连续性、运行时结构与对象同步性强。

油液在线监测是指机械设备在持续运转的状态下，对机器正在使用的油品理化参数进行实时监控，利用机理模型、智能算法等对参数变化进行分析，从而评估设备的运行现状，诊断及预测设备的故障/异常位置、故障/异常程度、故障/异常类型等，有利于机械设备的养护和维修，以解除存在的质量隐患。油液在线监测是油液监测技术发展的一个标志性方向，近年来不管是在理论上还是在仪器设备上都取得了巨大的进步，而油液磨粒监测是机械设备在线监测与状态评估的有效方法。在线磨粒监测系统的优势主要是安装在循环油路中，取样样品数不受限制，可以实时快速反馈数据，可不影响设备运转，实现持续监测。

在线磨粒监测中最重要的是磨粒特征信号的采集，在采集过程中要确保所采集的信号能够体现设备的运转情况、采集信号能够顺利、采集信号能够精准体现系统状态等。传感器是完成信息采集工作的核心，因此现在油液监测领域的核心研究方向就是磨粒监测传感器的开发使用。鉴于不同的工作原理，本书介绍多种油液磨粒在线监测技术的发展现状并对其优缺点进行分析。目前，油液磨粒在线监测系统中具有较高可靠性且较为成熟的技术是电感式传感器，同样也是未来技术发展的重要方向之一。

生产实践调查数据说明：导致机械设备磨损的原因主要是油液中的固体颗粒物，其中金属磨粒影响最大。在英国流体力学研究协会的帮助下，Fitch 教授对液压机械进行了研究，研究表明：磨损失效速率的降低是滑油内金属磨粒直径减小的 10 倍。将滚子轴作为研究主体，让其在基本无污染的环境（磨粒直径 2μm）下运行，研究结果显示其使用寿命为理论寿命的 40 倍[2]。加拿大国家研究委员会的研究表明：82%的总磨损量是由颗粒诱导产生的，18%的总磨损量是由非颗粒诱导产生的，而液压润滑系统 60%～70%的故障是由固体颗粒污染物造成的，其磨粒直径越大会导致磨损越严重，造成机械设备失效的可能性也越大[3]。对于综合传动装置，形成了如下油液磨粒与故障预警是否启动的机制：磨粒直径<25μm，轻度磨损，设备正常运行；25μm≤磨粒直径<100μm，中度磨损，启动故障诊断与预警；100μm≤磨粒直径<350μm，重度磨损，启动预测性维护方案。综上所述，可以依靠测量磨粒的大小、统计磨粒数目进行风险预警及维修提醒。

油液监测的工作原理是通过分析被监测机械设备运行时油中磨粒的情况和使用的滑油的性能变化，取得设备的磨粒状态和润滑状态的数据，分析并评估设备的运转情况并对潜在的风险进行预警，找出故障原因、类型和具体零部件位置。

油液分析主要从滑油自身性能和滑油存在的磨粒两个方面进行，通过颗粒计数、磁塞检测、光谱、基本的理化指标、铁谱、傅里叶红外光谱等进行分析。滑油油品分析主要分析油品理化指标或被污染情况，重点分析油衰化、添加剂损害、污染情况等；滑油磨粒分析一般包括磨损微粒的数量、大小、几何形态、化学成分等。通过分析滑油磨粒能够解析其损耗类型、程度和所在部位，可以深入探析机械设备零部件的磨损机理。综上可知，油液分析可以起到故障判断、滑油寿命确定、滑油污染程度判定、添加剂损耗判定、新油质量判断、基于摩擦学的机械传动设计以及机械设备维修规范的确定等一系列作用。

油液监测技术始于 20 世纪 40 年代，之后数十年此分析技术得到飞速发展，在机械行业中得到了广泛运用。自从 70 年代末引进我国以来，油液监测技术研究和应用在国内发展迅速，其应用场景也在不断增加。目前，油液监测技术已被广泛运用到机械、交通、石化、煤炭、冶金、航空和医学等领域，也拓展到其他研究领域和研究对象。

1.1.2　研究意义

近年来风电、核电的迅速发展，促进了设备维护及油液净化技术的发展。齿轮箱是风力发电机(以下简称风机)组中的核心部件之一，一般风轮的转速不足，与风机发电所要求的转速相差很远，必须通过齿轮箱齿轮副的提速来达到发电机要求的转速，因此齿轮箱也被称为增速箱。风机大多长期在恶劣和复杂的环境中工作，外界的干扰因素多，容易使风机系统产生变形和振动，影响机器的正常运行，甚至损坏，这就造成了风机齿轮箱的高故障率。

其中，致使各类机械设备工作异常和失效最常见的故障形式是磨损。齿轮箱的正常运转需要大量滑油，而齿轮部件的运转会产生金属屑(磨粒)并进入滑油系统。这些磨粒的监测信息体现了齿轮箱的运转状况(如不同运转时期，磨粒数量、大小、形态等具有差异性)。因此，在机械设备运转时，存在于油液中的磨粒能相对准确地体现机器运行情况，为服役设备的现状评估、故障诊断与预测性维护提供数据支持，降低传统停机检修、定期巡检等带来的时间、人力和经济成本，避免因传统检修的滞后性带来的重大生产安全事故。

在目前的齿轮箱监测及故障分析中，原有监测方法主要是离线监测，时效性无法保证。原有检测方法存在很多缺点：光谱法测量的颗粒尺寸有限制、设备昂贵[4]；颗粒计数法需定期校准、成本高；磁塞检测法仅能检测磁性颗粒；铁谱法需人员使用肉眼判断，容易因经验不足而导致误判；电感法对颗粒尺寸有限制，只监测尺寸大于 100μm 的磨粒，但对于表征机械摩擦副严重磨损且失效的磨粒(约10μm)无法准确监测[5]。近年来，提出基于多传感器和计算智能或工控机的监测方法，但成本高、占用空间大，且只能获取油液磨粒的大小与数量，无法获取磨粒外形从而无法确定磨损类型,且产品多用于环境良好的实验室,而风机的齿轮箱多安装在塔架支撑的高空机舱内等偏远、人少、恶劣的自然环境中,在出现故障后,其修复难度大,并且无法做到实时检测,难以高时效地获得油液磨粒信息,进而无法准确给出设备的故障状态与维修方案。

与传统的油液磨粒监测算法相比,在线油液监测技术在保证高检测精度的前提下,可以大大提高磨粒检测效率,实时获取被监测装置的健康状况。

1.2 国内外研究现状

1.2.1 国外研究现状

机械磨损是一种常见的故障,会导致机器运行异常。由于磨损,滑油中会产生金属颗粒。这些从设备中监测到的金属颗粒信号可以反映设备运行状态。粒子监测技术可分为在线监测和离线监测。离线监测不能通过采样及时反馈信息,测量结果滞后。在线监测可以通过光学、电磁、超声波等方式进行。光学方法通常受透射率和气泡的影响;超声波方法检测率低,且超声波很容易打破颗粒物,再次导致油污;电磁方法简单,响应速度快,不易受振动、气泡和其他外部干扰,已成为一种在线金属颗粒的重要研究方向。国外开发电磁传感器的公司包括加拿大的 GasTOPS 公司、美国的 MACOM 技术公司等。

国外关于油液磨粒监测技术的研究起源于 20 世纪 40 年代,是围绕滑油系统中的磨粒进行光谱分析,代表性事件为美国铁路行业的 Denver and Rio Grande Western Railroad 公司首次成功检测到内燃机车滑油系统中的磨粒种类与含量。70 年代,Seifert 和 Westcott 成功研制出第一台铁谱分析仪。80 年代,油液监测技术成为设备诊断技术的主要方法之一。90 年代后,检测设备方面,质谱仪用于检测油液中各组分变化;检测技术方面,离线与在线配合监测、多种技术手段集成应用。进入 21 世纪,工程师研发出各种物美价廉的监测设备,专家研究出各种监测新理论与新技术[5]。

油液监测技术的发展与设备的管理及维修体制的演变是不可分割的,其体制的演变过程如表 1-1 所示。

表 1-1 设备的管理与维修体制演变过程

时间	国家	维修体制	维修方式或特点
20 世纪 50 年代	美国	生产维修制(productive maintenance,PM)	①维修预防(maintenance prevention,MP);②事后维修(breakdown maintenance,BM);③改善维修(corrective maintenance,CM);④预防维修(preventive maintenance,PM)

续表

时间	国家	维修体制	维修方式或特点
20 世纪 60 年代	日本	全员生产维修制(total productive maintenance, TPM)	特点是全效率、全系统、全参与。设备管理目标：①零质量缺陷；②零库存；③零安全事故；④零劳动缺陷；⑤零设备错误
20 世纪 70 年代	英国	设备综合工程学	① 优化全生命周期的成本，并尽可能提高效率；②设备综合工程，包括技术、财政经济和组织管理三个方面；③研究重点是可靠性和维修性设计；④运用系统论来管理设备的整个生命周期，设备管理是基于最基本的预防、装备制造、专利使用费的反馈

伴随着科学技术的不断发展，上述监测技术虽然对石油监测技术有很大帮助，但仍不能适应当今飞机、船舶和车辆的发展。越来越多的飞机、船舶和车辆制造企业对滑油检测设备的检测能力提出了更高的要求。

21 世纪，由于离线式油液磨粒分析时效性差，研究人员开始重点研究在线油液磨粒监测系统。目前国外代表性油液磨粒传感设备有英国 KittiWake 公司开发的 FG 型在线磨粒传感器、加拿大 GasTOPS 公司开发的 MetalSCAN 磨粒传感器和美国 MACOM 技术公司开发的 TechAlert™10 型磨粒传感器[6]。

1.2.2 国内研究现状

近年来，国内摩擦学研究与发展最快的热点技术之一便是油液监测。该技术时效性、实践性、应用性均较强，但其也非常依靠技术人员的经验。1956 年，国务院科学规划委员会制定的《1956—1967 年科学技术发展远景规划》中提出了"摩擦、磨损与润滑"方面的科研项目"研究延长机器和工具寿命"。1962 年第一次全国摩擦、磨损与润滑研究工作报告会由中国科学院、中国机械工程学会牵头在兰州召开，我国当时在摩擦、磨损和润滑领域已经取得相对显著的成果，而此时国际上还没有提出摩擦学的理念。1977 年第二届欧洲摩擦、磨损、润滑学会议之后中国代表团将铁谱分析技术带回国内。1999 年第五届全国铁谱技术会议上将铁谱技术委员会更名为油液监测委员会。在过去的 60 余年时间里，我国在油液监测技术的研究和工业应用方面也获得了快速的提升且成绩显著[7]。

如前所述，从 20 世纪 80 年代至 90 年代初，国内的油液监测一直聚焦于铁谱分析或铁谱、光谱联合分析上，分析方法较为单一，过分强调磨损元素的趋势变化分析和磨粒分析。自 1986 年 10 月之后的 16 年里，国内一共召开五次铁谱技术会议，在 1994 年召开的第四次会议是这五次会议中参与范围最广、文献共享最多、实力最强的一次会议。从第四次铁谱技术会议开始，研究人员开始重视综合诊断，越来越多的学者将涉及基于油液监测的摩擦学系统诊断技术的论文发表在相关的期刊上。此后，越来越多的人了解了油液监测所涉及的五个方向：污染度测试、发射光谱分析、理化分析、红外光谱分析以及铁谱分析。但是随着设备的大型化、自动化、成套化、多功能化等的发展，以设备服役状态监测为举措的视情维修的需求日益高涨，这是单一的铁谱分析技术难以满足的。而我国微电子技术与信息技术的高速发展，为油液磨粒在线监测传感器的研制提供了强大的技术支撑[8]。

目前国内在线监测传感器的主要原理有四类，分别为电磁学监测、电学监测、光学监测和声学监测。电磁学监测是目前在线监测领域的主要研究方向，该技术不仅能够分析磨粒的类型，受外界监测与运行环境影响小，且基本能够区分油液中的气泡和杂质等[9]。为了完成对铁磁性磨粒的监测[2]，研究者建立了三线圈传感器的简化模型。为了验证上述传感器的真实效果，经多次测试，向油液中添加更多的铁磁性磨粒，传感器仍然能够反馈真实的情况，证明以上传感器确实有效。张行[10]采用 MetalSCAN 传感器，设计了激励电路与信号调理电路来解析系统工作原理，交变电流和原始信号的滤波都输入存储模块完成数据分析，其中交变电流是通过激励电路产生的，原始信号是信号调理电路分析处理得到的。周健[11]研究了在线监测传感器的测量电路与信号调理电路，通过 Multisim 软件对测量电路和信号调理电路分块仿真与整体仿真分析，证明了各级放大电路信号的输出是合理的，无饱和失真现象产生。彭娟等[12]综合整理了油液磨粒在线监测技术的发展情况和相关文献，针对全油流金属磨粒传感器进行了相关调查研究，同时调研了传感器信号采集与调理技术，通过对现状的研究分析，预测了未来在线监测传感器技术的发展方向。一款核心为利用微机电系统（micro-electro-mechanical system, MEMS）工艺制作的平面线圈的在线监测传感器由郭海林等[13]研究开发，其基本原理主要是电感原理。为了更好地提升传感器的性能，郭海林等还设计了信号采集电路，并对信号采集电路的性能和准确性进行了专项试验。试验表明，该传感器的最佳测量范围是磨粒的质量为 10～100mg。傅舰艇等[14]设计了一种金属颗粒在线监测传感器和相应的检测电路，该电路采用三线圈差动式检测电路，仿真结果表明该传感器测量上限为 100μm。冯丙华等[15]运用电磁感应原理对传感器模型进行推导，经试验得出结论：在长径比大于 5 的长直螺线管模型中，电感变化量与油液中金属磨粒的数量呈三次方的关系。张勇等[16]开发了一种新的检测装置用来检测车辆油液，解决了现有光学传感器双通道检测系统中存在的光强测定困难、油液颜色不均匀和光强不稳定等问题，将空气通路作为参考通道，校正因光电转换元件老化而引起的误差。吴超[17]建立了三线圈螺线管传感器三维模型，使用有限元软件对传感器的瞬态磁场和静磁场进行了仿真，测出感应电动势受磨粒当量直径和速度的影响；利用金属磨粒退磁因子，进行差异化分析研究，得到了圆柱形、椭球形磨粒的输出特性。李萌等[18]研究了磨粒当量直径、油液流速和感应信号之间的对应关系,并研究了不同参数(如线圈间隙、流道内径、陶瓷基体尺寸和线圈匝数等)对感应信号的影响,但他们建立的模型相对简单,没有考虑油液温度对检测精度的影响,同时也没有考虑可能存在于交变磁场中的涡流效应。陈忾[19]利用毕奥-萨伐尔原理和电磁感应原理建立了一种包含激励参数的新模型,仿真了磨感电动势的提取方法,剖析了磨感电动势的特点,研究了同一轴向平面内双磨粒存在以及磨粒径向位置对传感器磨感电动势的影响规律。但是,以上各种研究都还没有应用到实际场景上,即还停留在理论研究和实验室使用阶段。我国首家从事设备润滑与磨损状态监测的商业公司——上海润凯油液监测有限公司于 2000 年6 月注册成立,是为了向国内外更多实体公司提供服务并且提高国内技术发展水平而成立的专业公司,将商业化公司的监测优势与企业日益增长的油液监测需求结合,满足了监测技术在实际应用场景中的环境适应性要求。

目前,在监测的稳定性和准确性方面,国产传感器与国外产品相比差距仍较大。针对相关技术难点,国内研究人员建立了油液磨粒在线监测数学模型,确定了油中的颗粒,设计了传感器结构以及分析系统的信号检测方法,开发的系统可以分析机械设备的磨损状况,并提供设备的早期诊断和预警结果。国内相关研究单位包括北京交通大学、国防科技大学、北京理工大学、中国航天科技集团有限公司等。最近,国内也研制出一批在线传感终端,主要有中航高科智能测控有限公司的油液金属屑末在线监测传感器、武汉铸诚科技有限公司的 ZCMS 系列电磁式金属颗粒油液在线监测传感器等。

在研究模式上,油液监测技术的研究主要采用高校、科研院所和企业产学研联合合作的模式。合作主要以研究项目和相关论文的形式进行,可以促进油液监测领域新方法和新理论的研究,拓宽传统的油液监测与诊断理论。这些新理论与新方法有众多优点,但其缺点也不容忽视,即在校研究生缺乏维修设备的实际经验以及某一领域的相关知识,使模型得出的结果不够可靠。

武汉理工大学开发的双油路油液在线监测系统试验平台可实现液压油和齿轮油同时监测:液压油监测部分能监测出油液温度、密度、黏度、水分含量、清洁度,一旦达到污染警戒值,该平台电动阀启动切换油路将精滤器串入油路,对油液进行过滤;齿轮油监测部分能监测出油液的温度、密度、黏度、颗粒度,还可以监测直径从几微米到几百微米的磨粒的总量、尺寸分布和颗粒图像。

浙江远盟自动化技术有限公司开发的油液在线监测平台可输入被测对象和操作者相关信息,以数字、表格及图形方式显示油液运行指标状态;适用于矿物油、合成油或磷酸酯油,如液压油、滑油、变压器油(绝缘油)、汽轮机油(透平油)、齿轮油、发动机油、航空煤油等油液的检测;不仅可以检测电力、石油和冶金领域的装备油品质量,也可应用于航空航天、港口、交通、机械制造和汽车制造等领域。针对水泥行业设备相对较多、需要监测部位不集中的客观事实，洛阳大工检测技术有限公司研发的便携式油液检测仪不仅具备全天候的实时动态数据采集功能，还可以根据现场需求进行灵活安装。

北京理工大学相关人员开发的柴油机滑油监测平台[20]对柴油机进行油液在线监测，实时收集其工作过程中的摩擦信息，并通过对船用柴油机磨损状态进行分析和判断，指导柴油机相关维护制度的制定，实现由定时定期换油向基于状态维护的转换，设备的油液润滑状况直接决定了其运行状态。该平台对滑油中的水分含量、颗粒污染度、黏度等指标进行监测，进而判断设备润滑及运行情况，及时采取相应措施，保证设备正常运转。

洛阳大工检测技术有限公司开发的汽轮机油在线监测系统具备实时在线监测功能，直接将监测设备驳接于待检部位，针对设备滑油实施连续数据采集，进行周期性实时监测，对油品温度、黏度、密度、水分含量、各颗粒污染等级等油品指标参数进行实时在线监控，具备以下特点：对监测数据提供自动存储和查询功能；监测过程中监测传感器对油品不产生任何损坏性行为；克服了实验室监测数据的滞后性；柴油机作为动力机械设备，为紧跟社会进步与时代发展，正在向大型化、高速化、智能化方向迈进，目前其多应用于船舶主发动机、发电机和工程机械等领域。柴油机的运行状态和磨损状态影响着柴油的状态，因此柴油在润滑、减磨、冷却、密封等方面起着重要作用。在柴油机运行过程中，柴油机滑油的理化性质也会逐渐发生变化。一旦发生故障，滑油的理化性质将发生显著变化，使滑油失效，进而导致故障或事故。因此，通过监测柴油机滑油状态，判别换油时机和预测故障，这对于确保柴油机的正常运行非常重要。

在监测方法上，铁谱法和光谱法经常用于联合诊断，而不是仅仅依靠一种方法的分析结果，可以根据实际运行条件、环境和工作条件选择不同的设备。对于工作环境差、低速重载、高负荷、频繁换油的设备，主要采用铁谱法分析[21]；对于工况相对稳定、工况相对较好、换油周期较长的设备，主要采用光谱法分析。在研究方法上，油液健康监测技术领域的关键在于运用新理论、新技术与新方法，如图像识别、特征学习、信息强化、多源融合、智能计算、小波分析、时间序列分析、灰色系统理论和专家系统等方面的研究仍在全面展开，并取得了一系列成果。

油品监测技术的工业应用前景如下：

(1)筹建高水平商业实验室，提供专业油品监测服务。

(2)设计油液磨粒、黏度、水分含量等多指标集成监测设备，通过离线监测、在线监测相结合的监测方式，形成面向零件级-部件级-系统级的综合服役装备状态监测体系。

(3)建立油液监测数据库,利用大数据技术分析其全生命周期的性能变化与衰退、监测指标与磨损状态等。

(4)构建油液健康监测与预测性维护工业互联网平台,为企业提供实时、全面、系统、精准的服务。

(5)形成国际、国家和行业标准,规范油液监测体系、技术和市场[22]。

1.2.3 发展趋势

油液磨粒监测技术的不断发展,促使磨粒传感器不可避免地向智能化方向发展。可根据风机齿轮内磨粒的运动轨迹和产生机理,自动监测磨粒的形状,并进行故障排除。通过对现有各种磨粒传感器的了解,可以预测磨粒传感器未来的发展趋势如下:

(1)应具备信息处理、自动校正、自动诊断等能力,其体积应更加小型、质量更加轻便,有利于变速器内部的安装和接线。

(2)采用高精度相机对磨粒形状进行拍照,实现对非铁磁性磨粒的检测,并采用高速处理芯片自动识别磨粒图像。

(3)传感器的内部可集成多个微型传感器,利用多信息融合技术,从不同方面、不同角度检测油液磨粒,研发出一种多功能磨粒传感器,使其被广泛应用,且提升其检测精度。

进入 21 世纪,油液监测已从常规的理化指标检测和铁谱检测发展到污染程度检测、红外光谱分析、发射光谱分析和铁谱分析等监测技术结合使用。监测设备更加微型化和智能化,检测模式从离线发展到在线。

1. 便携式设备的研制

以滑油理化分析为主的代表产品有污染指数检测仪、数显黏度计和滑油分析工具箱。在磨粒监测与分析方面,研发了铁量仪、磨粒分析仪、LCM 型油污染监测仪、HIAC 清洁度监测仪、Oilview5100 油液分析仪和便携式铁磨粒分析仪等。这些仪器的使用时间短、体积小,便于监测。

2. 信息处理技术的应用

油液监测的目标是整合各种油液监测技术,利用计算机的数据库与辅助诊断系统,给出设备识别与诊断预警结果。智能诊断专家系统克服了传统专家系统中知识获取、知识维持、知识表达、知识推理和决策控制等环节的不足(如主观性、时延性),是目前较好的诊断工具。我国宝山钢铁股份有限公司、西安交通大学和中国铁路北京局集团有限公司北京科学技术研究所正积极合作开发油液分析诊断软件包。该软件包包括油液诊断模式子库、实用程序子库和诊断知识信息子库[23]。它可以管理各种数据，如文本、数值和图像，是目前为止国内外功能较为完善的油液监测系统的辅助系统。

3. 在线监测技术的开发

油液在线监测技术发展迅速，解决了传统实验室离线分析方法成本高、操作程序烦冗、测量采样点有限等问题，成为油液监测技术未来的发展方向。

1.3　全书章节安排

本书各章的内容安排如下：

第 1 章为绪论。首先，给出了本书相关研究的背景和意义。针对当前我国油液磨粒在线监测技术的发展情况，阐述该技术对我国重工业的影响及需求程度。然后，介绍了国内外相关的发展情况。最后，预测油液磨粒监测技术的发展趋势。

第 2 章为油液磨粒在线监测技术。在不同传感器条件下，油液磨粒在线监测方式、监测技术以及监测理论都是不同的，存在很大的差异，该章针对电容式传感器、电感式传感器、光纤式传感器、超声波传感器以及显微图像处理五个方面进行说明，使读者可以了解不同条件、不同传感器的监测差异，对比采用可行、实际的方法，来分析了解油液磨粒在线监测技术。

第 3 章为油液磨粒电磁特征仿真。基于电磁感应原理以及电磁场理论，对油液磨粒仿真分析进行相关建模和测试。对于特征提取技术，则针对大量试验背景下不同的特征采取的提取方式进行技术性分析，以便于下一步装置的设计与仿真。最后的装置设计则是基于理论并在系统技术的支撑下所形成的，对于电磁特征的仿真在国内属于探索期。

第 4 章为飞行姿态下在线监测性能测试。针对飞行姿态对油液磨粒在线监测技术的影响，发现其规律，给出其原理，从温度、介电常数、磨粒等方面逐一分析，得出对油液磨粒监测性能的影响。然后展开探讨试验装置设计，从整体设计到传感器布局的优化，再到姿态角的校正。最后是对性能测试装置的设计，综合分析飞行姿态下在线监测性能受到的影响程度，为研究提供参考理论数据。

第 5 章为油气混合分离性能测试。对油气混合分离性能测试进行系统阐述，其分离原理是性能测试的基础，分离性能的测试则是对后续装置设计的一种预试验，通过其原理从整体设计、硬件设计、软件设计几个方面说明测试装置的构成。

第 6 章为油液磨粒在线监测。对油液磨粒在线监测进行综合说明，并进行定性分析，介绍在线监测技术及系统，最后设计油液磨粒在线监测平台及多种仿真试验，较为明确地展示不同技术指标对油液磨粒在线监测的影响程度。

第2章 油液磨粒在线监测技术

油液磨粒在线监测系统的理论基础是通过某种技术手段把设备油液中磨粒的多方面信息(如密度、成分、颗粒大小等)转化为电信号,再通过对电信号的分析来达到对油液磨粒的监测。本章主要介绍基于电容式、电感式、光纤式、超声波、显微图像等五类传感器的在线监测技术。

2.1 基于电容式传感器的在线监测

2.1.1 电容式传感器的特点及设计要点

1. 电容式传感器的特点

电容式传感器是将测量到的非电气变化量转换为电容性变化量的传感器[24],其优缺点汇总如下。

1)优点

(1)温度稳定性好:电容值与电极材料无关,有利于选择低温系数的材料;由于其发热量非常低,对稳定性影响很小。

(2)结构简单:易于制造、精度高、体积小、携带方便等,可实现特殊或难以实现的测量。

(3)适应性强:可在高温、强辐射、强磁场等恶劣工况下工作,能承受高压、强冲击、过载等,还可测量超高压、低压差及磁性部件。

(4)动态响应性能好:由于电极板之间的静电吸引力低,电容式传感器所需的功率非常小,并且因为它的移动部件可以做得非常小并且轻薄,所以它的固有频率很高,动态响应时间短,特别适合动态测量[25]。由于其电源频率要求高,介质损耗低,系统工作频率高,可用于测量快速变化的参数。

(5)能够非接触测量:通过对振动或转轴偏心率进行非接触测量,可以减小工件表面粗糙度对测量精度的影响。

(6)灵敏度高:电极板之间的静电吸引力很小,且所需的输入力和输入能量很小,因此电容式传感器具有很高的灵敏度和分辨率。因为空气等介质的损耗较低,差分结构以桥式连接时产生的零漂极小,电路可以进行大倍率放大,使仪器具有更高的灵敏度。

2）缺点

（1）寄生电容影响较大：电容式传感器的初始电容很小，但连接传感器和电子电路引线的电容、电子电路的杂散电容和传感器内部极板及周围导体所形成的寄生电容都比较大，导致传感器灵敏度下降，这些电容往往是随机的，导致仪器工作不正常，影响测量精度[26]。因此，对如何选择电缆、安装电缆、电缆连接方式等都有严格的要求。

（2）阻抗高：传感器的负载能力很低，容易受到外部干扰，从而导致不稳定，在干扰非常严重的情况下，传感器甚至不工作。对于这一点，需要采取屏蔽措施，因此在设计和使用中有许多不便。体积电阻还要求传感器绝缘部分的电阻极高，否则绝缘部分将充当分流器电阻，影响仪器性能。还应特别注意湿度和清洁度。如果使用高频电源，传感器的输出阻抗可以降低，但高频放大和传输比低频复杂。

通过以上分析，电容式传感器的优点是温度稳定性好、结构相对简单、适应性强、动态响应性能好、能够非接触测量和灵敏度高，能够最大限度地满足传感器的设计需求。随着新材料、新技术和集成电子技术的发展，电容式传感器的缺点逐渐被克服。电容式传感器正逐步发展为一种高灵敏度、高精度、实现难以测量的工作（如动态、低压方面）的传感器。

2. 电容式传感器的设计要点

电容式传感器容易受到外界电磁场干扰影响，因此在传感器的设计过程中要进行包括数据采集电路在内的屏蔽措施。而且，为了使得传感器价格适中、准确性高、分辨率高、稳定可靠、频率响应好，设计中主要考虑如下问题：

（1）减少环境湿度和温度变化带来的误差，保证绝缘材料的绝缘性。传感器中元件的几何尺寸、插入位置以及滑油介电常数的变化是由温度变化引起的，传感器容量的变化会导致温度误差。所以，通过严格选材、注重结构、提升加工工艺技能等，以减小温度引起的测量误差，确保材料的高绝缘性能不受到影响。

（2）消除或减少边缘效应[27]。边缘效应不仅会降低电容式传感器的灵敏度，还会造成非线性，因此应尽可能消除或减少边缘效应。可以尽可能减小极距，但极距比变大，传感器容易脱落；也可以将电极做得很薄，使电极与电极间距的比例很小，以降低边缘电场的作用。

（3）消除寄生电容的影响，防止外部干扰。设计时可以增加传感器的初始电容，降低阻抗。同时注意传感器接地和屏蔽，以减小导体之间分布电容的静电感应，而且要确保导体尽可能短。

2.1.2　电容式传感器在线监测的原理及方法

1. 测量原理与电容量计算

图 2-1 是半圆极板管形电容式传感器敏感探头的结构示意图，由一个内径为 r、外径为 R 的圆柱形玻璃管与该管外壁的两半圆形电极相互接触而成。$\Delta\alpha$ 是极板边缘空隙的弧角的一半，极板的内表面构成一个电容器。使用过程中，油液流经玻璃管的内腔，因此油液不会接触到探头的金属电极板。由于油与玻璃表面的附着力较弱，沉积在管道中的油膜在一定的流速下很容易被冲刷掉，同时传感器结构易于直接安装到油路管道上，进而可进行在线监控[28]。为了降低电容器的边缘效应，在保持击穿电压的情况下，极板间隙应尽可能小。传感器的轴向尺寸远大于内径，电极被认为是一个无限长、薄的半圆形管。

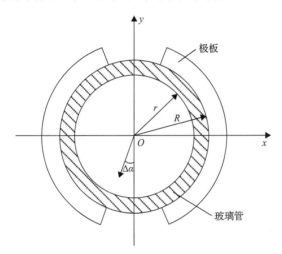

图 2-1　半圆极板管形电容式传感器敏感探头结构示意图

设两电极电位分别为 V_0 和$-V_0$，图 2-2 显示了传感器截面极坐标及极板电位分布图。用(ρ,α,Z)表示管内电位柱坐标，极径是 ρ，极角是 α。通过电磁场理论可以知道，其管内电位分布满足圆柱坐标系中的拉普拉斯方程[29]：

$$\Delta^2\varphi=\frac{1}{\rho}\frac{\partial}{\partial\rho}\left(\rho\frac{\partial\varphi}{\partial\rho}\right)+\frac{1}{\rho^2}\frac{\partial^2\varphi}{\partial\alpha^2}+\frac{\partial^2\varphi}{\partial Z^2}=0 \tag{2-1}$$

若管长 $L \geqslant R$，则电位φ只与α和ρ有关，所以其边界条件为

$$\varphi(\rho,\alpha)=\begin{cases}V_0, & 0<\alpha<\pi \\ -V_0, & \pi\leqslant\alpha<2\pi\end{cases} \tag{2-2}$$

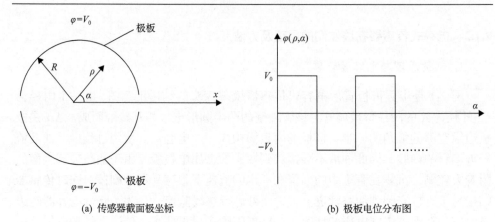

(a) 传感器截面极坐标　　　　　　　　　　(b) 极板电位分布图

图 2-2　传感器截面极坐标及极板电位分布图

其中，$\varphi(\rho,\alpha)$ 为 α 的奇函数，在 $\rho=0$ 处，电位是稳定的有限值，因此有

$$\varphi(\rho,\alpha)=\sum_{n=1}^{\infty}A_n\rho^n\sin(n\alpha) \tag{2-3}$$

其中，A_n 为任意常数，结合边界条件可得

$$\sum_{n=1}^{\infty}A_n\rho^n\sin(n\alpha)=\begin{cases}V_0, & 0<\alpha<\pi \\ -V_0, & \pi\leqslant\alpha<2\pi\end{cases} \tag{2-4}$$

由 $\sin\alpha$ 的正交性解得 A_n，获得玻璃管内电位分布为

$$\varphi(\rho,\alpha)=\frac{4V_0}{\pi}\sum_{n=0}^{\infty}\left(\frac{\rho}{R}\right)^{2n+1}\frac{\sin(2n+1)\alpha}{2n+1},\quad \rho<R \tag{2-5}$$

式 (2-5) 右端利用求和公式 $\displaystyle\sum_{n=0}^{\infty}\frac{x^{2n+1}}{2n+1}=\frac{1}{2}\ln\frac{1+x}{1-x}$ 可得

$$\varphi(\rho,\alpha)=\frac{2V_0}{\pi}\arctan\frac{2R\rho\sin\alpha}{R^2-\rho^2},\quad \rho<R \tag{2-6}$$

场的分量 E_ρ 与 E_α 可由以下公式得出：

$$E_\rho=-\frac{\partial\varphi(\rho,\alpha)}{\partial\rho} \tag{2-7}$$

$$E_\alpha=-\frac{1}{\rho}\frac{\partial\varphi(\rho,\alpha)}{\partial\rho} \tag{2-8}$$

总自由电荷为

$$q = \int_{\Delta\alpha}^{\pi-\Delta\alpha} \left(-\frac{2V_0\varepsilon_r\varepsilon_0}{R\pi^2\sin\alpha} \right) LR\mathrm{d}\alpha = \frac{V_0L\varepsilon_r\varepsilon_0}{\pi^2}\left(\ln\left(\tan\frac{\pi-\Delta\alpha}{2} \right) - \ln\left(\tan\frac{\Delta\alpha}{2} \right) \right) \quad (2\text{-}9)$$

其中，ε_r 为相对介电常数(含玻璃管和监测油液两部分)；ε_0 为真空介电常数。一旦确定了传感器探头的基本尺寸，即可得 $q = 2KV_0\varepsilon_r\varepsilon_0$，且有

$$K = \frac{L}{2\pi^2}\left(\ln\left(\tan\frac{\pi-\Delta\alpha}{2} \right) - \ln\left(\tan\frac{\Delta\alpha}{2} \right) \right) \quad (2\text{-}10)$$

故电容量 $C = \dfrac{q}{\Delta V} = K\varepsilon_r\varepsilon_0$。

2. 传感器特性

由式(2-9)可知，传感器的面电荷密度为

$$\sigma = \begin{cases} -\infty, & \alpha = 0 \\ -\dfrac{2V_0\varepsilon_r\varepsilon_0}{\pi^2R}, & \alpha = \dfrac{\pi}{2} \end{cases} \quad (2\text{-}11)$$

由式(2-11)可知，传感器极板中间位置的面电荷密度最低，且电荷主要集中在两极板的连接处，那么附近介电常数的变化对传感器的电容值影响很大，所以传感器对非均匀介质有一定的局限性。

将导流玻璃管和流体视为一个整体来设计电容器，玻璃管与油液材质决定了 ε_r 的取值，计算值受到玻璃管厚度的影响。但综合油液监测的目的是获取油液污染程度随机械设备工作时间的变化趋势，并不只是确定绝对值。至于给定的传感器探头，ε_r 的取值变化反映了油液综合介电常数的变化。玻璃管内径的确定应充分考虑监测设备的油管尺寸，以免因流道突变而产生负影响。

当相对介电常数 ε_r 变化时，电容量 C 发生变化，其灵敏度 $s = \dfrac{\mathrm{d}C}{\mathrm{d}\varepsilon_r} = K\varepsilon_0$。由此可见，灵敏度值与其特征尺寸有关。对传感器探头的结构参数进行优化可以提高传感器灵敏度。结合上述理论计算可知，应增大 K 值。K 与 L 成正比，但结构尺寸会限制 L 的增大程度$\left(\dfrac{\partial K}{\partial(\Delta\alpha)} = \dfrac{L}{\pi^2}\dfrac{4}{\sin(\Delta\alpha)} \right)$，减小 $\Delta\alpha$ 也可增大 K，而 $\Delta\alpha$ 的减小会导致极板击穿的可能性增加[30]。最后通过验证，选取 L 的范围为 250～400mm，$\Delta\alpha$ 为 5°±2°。

2.1.3　电容式传感器的应用与仿真

1. 电容式传感器结构

除了流经电容式传感器时电容的微小变化，电容式传感器还存在大量的外部干扰，所以在设计过程中要重点考虑传感器的接地和屏蔽，减少杂散电容和寄生电容的干扰。图 2-3 显示了一种弧形电极板电容式传感器的结构，其中电容器安装在连接到柱状塑料绝缘管外壁的两个弧形板之间。该传感器有两个电容器，一个电容器由板 M 和 N 构成，另一个电容器由板 P 和 Q 构成，每个板都连接到交流电桥侧臂上。通过软件模拟，并将其与实际模型相结合，将塑料绝缘管内径 R_1 的弧形电极板张力角设定为 10°，外径 R_2 的弧形电极板张力角设定为 10°。

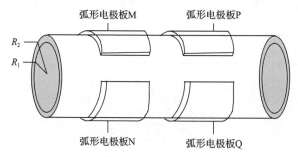

图 2-3　弧形电极板电容式传感器结构

电容式传感器以油及其污染物为介质。磨料颗粒数目、水分含量与酸值的变化均会影响介电常数的变化，所以在监测油液信息时，应特别注意：电容板结构应该具有较高且均匀的检测场灵敏度；传感器的测量结果和流型的变化无关；换油引起的电容变化很小，因此传感器的测量电路必须具有较高的稳定性和灵敏度，并且具有较强的抗寄生电容干扰的能力。

圆形单探头能保证油封处的油流畅通，不产生湍流，不易形成残渣和污垢沉积，便于清洗和拆卸，易于直接与输油管道连接，实现在线监测[24]。因此，传感器探头采用这种结构设计。在绝缘管壁外侧设置半圆电极板，运行时油流经绝缘管内腔，使油不与探头金属电极板接触。为避免外界电磁干扰，在电极板外侧加金属屏蔽，其结构示意如图 2-4 所示。

电荷主要是在双极板界面，即附近介电常数的变化对传感器电容值影响较大，灵敏度高，表明理论上它具有输入与输出呈线性关系的特质。

2. ANSYS 软件对传感器内部电场的仿真研究

1) ANSYS 简介

ANSYS 为集结构、流体、电场、磁场和声场分析于一体的大型通用有限元分

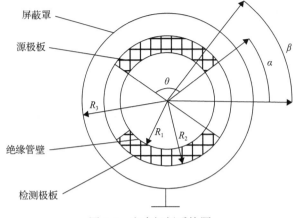

图 2-4　电容极板系统图

析软件，可实现许多接口（如 Pro/Engineer、UG 和 AutoCAD）的数据共享和交换。ANSYS 由前处理模块、分析计算模块和后处理模块组成[31]：

（1）前处理模块有较好的实体建模和网格划分工具，允许用户根据实物任意构建有限元模型。

（2）分析计算模块用于耦合分析，包含结构分析、流体动力学分析、电磁场分析、声场分析、压电分析和多物理场构建等模块，可模拟很多物理介质之间的作用，优化灵敏度分析能力。

（3）后处理模块可以将计算结果采用图形方式进行显示，如彩色等值线显示、梯度显示、矢量显示、粒子轨迹显示、立体切片显示、透明显示、半透明显示，计算结果也可以图形化显示输出。

2）传感器内部电场仿真分析

极板的轴向长度设计为管道直径的 2 倍以上，目的是获得高的信噪比。传感器的检测场可以简化为二维场，忽略了极板有限轴向长度和流体在轴向上分布引起的边缘效应差别。假设电容磁化率场中不存在自由电荷分布，则可用如下方程描述静电场：

$$\nabla\left[\varepsilon_0\varepsilon(x,y)\cdot\nabla\varphi(x,y)\right]=0 \tag{2-12}$$

使用 ANSYS 对电容式传感器进行二维静电场分析，计算过程的主要步骤如下[32]：

（1）过滤图形界面。通过 Preference 命令，单击 Electric 电场分析选项实现。

（2）创建传感器几何模型。

（3）设置单位类型并选择材料。所选单位类型为 2D Quad 121，其常用于电磁场分析。

（4）分配单元属性，划分网格。

(5)在两极板上分别施加载荷。

(6)创建组件。

(7)求解。使用 current LS 命令计算电场的强度,选取 JCG 求解器求解电容值,调用宏命令 CMARTI。

3. 硬件电路的设计

滑油磨粒检测电路由信号发生电路、电容检测电路、放大电路、相敏解调电路和低通滤波电路五部分组成[33]。

1)信号发生电路

信号发生电路的直接数字式频率合成器(direct digital synthesizer, DDS)采用 ADI 公司的 AD9850,此芯片可以产生最高 12.5MHz 的正弦信号,仅需要一个外部参考时钟和一些外部解耦电容器来实现功能。DDS 输出的信号频率如下:

$$f_{out} = M(f_{MCLK}/2^{28}) \tag{2-13}$$

其中,f_{MCLK} 为 AD9850 接触的晶体频率;M 为频率控制字,可以通过软件在外部给出。

2)交流电桥的电容检测

传感器中的电容变化特征较微弱,难以直接测量。传统的小容量测量法有谐振法、交流锁相放大法和充放电法等,但是各方法均有缺陷[34],例如:谐振法输出线性差,不适合动态测量;交流锁相放大电路设计烦琐,成本高;充放电法因使用直流电源导致信号漂移。本章采用设计简单、易用、测量精度较高的交流电桥法。在如图 2-5 所示的交流电桥示意图中,Z_1 表示由图 2-3 的 M、N 极板组成的电容器(C_1),Z_2 表示由图 2-3 的 P、Q 极板形成的电容器(C_2),桥接平衡调整的调整阻抗是 Z_3、Z_4。

滑油系统中油粒经过 M、N 极板时 $C_1 > C_2$,流经 P、Q 极板时 $C_1 < C_2$,未流经极板时 $C_1 = C_2$。所以,当存在滑油磨粒流到电容式传感器时,C_1 和 C_2 的差持续变化,桥接器处于失衡状态。这种差分接入形式,可以降低外部干扰的影响,并能保证测量结果的精确性。

3)差分放大和二次可调放大

交流电桥输出的电势差信号是非常微弱的,需要设计信号放大电路,以便于检测出交流电桥的输出电势差。差分放大器控制零点偏移和干扰,所以选择其作为引导电路。图 2-5 中的信号 S_1 接入差分放大器 AD8129 芯片的正输入端,信号 S_2 接入 AD8129 的负输入端,在 AD8129 的输出端可以产生一个单端信号。选择 AD8065 芯片作为二次可调放大电路的运算放大器,其电路如图 2-6 所示。

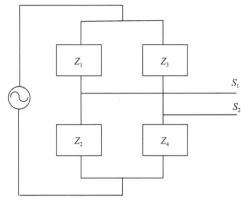

图 2-5　交流电桥示意图

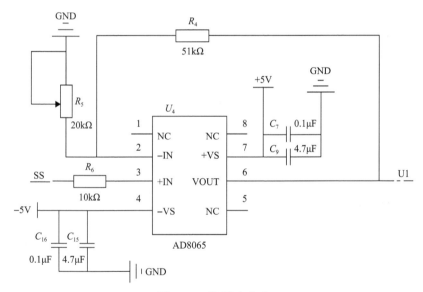

图 2-6　可调放大电路

4）相敏解调和低通滤波模块

如图 2-7 所示的电路，选择 AD734 模拟乘法器作为相敏解调电路的芯片。3 对差分输入端分别是 X1、X2、Y1、Y2、Z1、Z2，输出端为 W，控制单元分别为 U0、U1、U2、DD 和 ER。

4. 其他几种电容式传感器检测方法

1）谐振法

在被测电容 C 两侧并联一个稳定的电感 L，通过调节信号源的频率，使电路发生谐振，谐振时电容 C 的容抗和电感 L 的感抗相等。谐振法的测量频率从几百

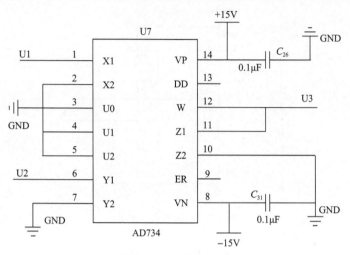

图 2-7　相敏解调电路

赫兹到几百万赫兹，能够测量小电容的容量，但是不能用于自动监测和在线测量。

2）振荡法

将电容器作为振荡电路的一部分来测试，电路振荡频率是由 C 变化引起的，改变电容器的电容，来进行测量振荡频率的改变，其频率方程 $f = \dfrac{1}{2\pi\sqrt{LC}}$ 决定了电容式传感器振荡电路中的等效电容。其中，C 包括传感器电容、谐振电路中的固定电容和电缆电容。利用电压转换器，可以将频率信号转变为电压值。振荡法的优点是灵敏度很高，但电路抗寄生能力差。

3）运算电容法

运算放大器用于形成一个运算电路，该运算电路调节激励源信号幅度中的电功率变化，并由解调电路进行谐振。该解调电路在完全交流时，不受直流漂移的影响。运算电容法的优点是电路具有高的内阻，但是由于涉及解调电路，其设计更为复杂和困难。

4）充放电法

充放电法又称开关电容法，其工作原理如下[35]：通过 CMOS(互补金属氧化物半导体)开关，S_1 将未知电容 C_x 加载到 V_c 上，S_2 向电荷检测器放电。在一个信号充放电周期中，从 C_x 传输到检波器的电荷量 Q 为 $V_c C_x$。以频率 $f=1/T$ 重复进行充放电过程，其由时钟脉冲控制，所以平均电流 $I_m=V_c C_x f$。这种电流信号被转变为电压信号，并进行平滑处理，得到一种直流输出电压的方程：

$$V_0 = R_f I_m = R_f V_c C_x f \tag{2-14}$$

其中，R_f 为检波器的反馈电阻。

图 2-8 为充放电式电容检测电路示意图。

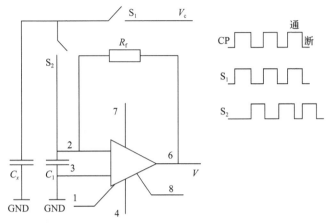

图 2-8　充放电式电容检测电路示意图

以上介绍的电容检测方式的优缺点汇总对比见表 2-1。

表 2-1　常用的电容检测方式优缺点比较

检测方法	优点	缺点
谐振法	频率范围宽，可测量小电容	不可动态测量
振荡法	频率范围宽，可测量动态电容	电路复杂，抗杂散电容能力弱
运算电容法	低漂移、高信噪比	电路复杂，造价高昂(尤其在高频)
充放电法	抑制杂散电容，结构简单，成本低	—

2.2　基于电感式传感器的在线监测

2.2.1　电感式传感技术的研究现状

最近几年，很多铁磁性和抗铁磁性金属颗粒的感应传感器被用于检测滑油。GasTOPS 公司开发了一种具有代表性的电感式传感器[36]，其由三个线圈组成，不同的磁性部分包围了线圈。两个外部线圈连接到高频振荡交流电路。这两个磁场方向相反，产生了反向对称磁场。中心线圈位于外线圈的磁场补偿点，对磁场进行扰动和检测。颗粒的类型和大小应该由控制单元根据扰动的类别和大小进行确定。

我国在滑油检测技术方面的研究起步较晚，但也在频繁开展各种设计和测试工作，对油液中金属颗粒监测技术的研究逐步深入。较为典型的传感器有双励磁反激传感器、短螺线管型金属粒子传感器和基于微电感测量的传感器[37]。

　　管式双励磁反激传感器的构造类似于 GasTOPS 公司开发的传感器,又称三线圈粒子传感器。在该传感器的基础上,出现了改进型双励磁反激传感器,在双励磁感应的基础上,增加了外部感应线圈,大大提高了输出有限元。此外,基于这种结构,在传感器外部还放置了尺寸相等的多磁性介质,从而增加了油路内部的磁场强度,提高了输出有限元的最大值。然而,这种设计对磁介质的结构要求相对较高,太大和太小都会影响感应电动势的对称性。双励磁反激传感器对尺寸大于 150μm 的金属颗粒检测精度很高,但对小于 150μm 的小金属颗粒检测精度较低。

　　短螺线管型金属粒子传感器在螺线管结构方面使用单层线圈结构,这样可以缩短金属颗粒经过传感器线圈所需的时间,从而提升传感器的抗检测干扰能力。这种传感器的结构简单,但对电路设计和后续信号的处理要求较高。至今为止,可以在实验室条件下检测到 100μm 的铜颗粒和 50μm 的铁颗粒。因为其抗干扰能力差,在真正应用中还需要进一步提升和完善。

　　基于微电感测量的传感器由 MEMS 工艺制造,可用于制造电极、电极线圈连接端、扁平螺旋线圈和线圈保护膜,还可对铁磁性(铁、钢、镍)和反铁磁性(铜)微金属颗粒进行检测。经过仿真分析和静态感测试验,验证了反铁磁性微金属颗粒通过该种传感器时,其电感降低;当铁磁性微粒通过时,其电感升高。然而,该传感器只允许对 90μm 尺寸的金属颗粒进行静态分析,动态测试仍有待验证[38]。

　　我国的研究现在依旧处于理论研究较多、实证研究较少的阶段。主电感式油液金属颗粒传感器的检测范围一般大于 150μm,需要进一步发展小颗粒检测方法;微电感式传感器可以检测到小尺寸(50μm)的金属颗粒,但油道小,油样少,容易堵塞[39]。在设备研发方面,目前还没有结构非常完善、性能非常稳定的金属颗粒检测产品。为了识别小尺寸(≤100μm)的金属颗粒,对大的油道进行检测,仍然需要加大开发和研究力度。

2.2.2　电感式传感器的电路设计

　　图 2-9 为传感器检测金属磨粒的工作原理图[40]:当含有铁磁性颗粒的油液流经传感器时,感应线圈的内部磁场对铁磁性颗粒进行磁化而增强,通过传感器产生交变磁场,从而增加了磁通量并产生感应信号。当含有非铁磁性颗粒的油液流经传感器时,涡流效应弱化了感应线圈内部的磁场,从而降低了磁通量并产生反向感应信号。所以,信号相位与磨损金属颗粒的类型相关。

　　传感器调理电路设计包括激励电路设计和感应信号检测电路设计[41]。通过交流激励电路对传感器的激励线圈进行驱动,并通过数字锁相放大电路检测传感器的感应信号。该电路将由磁场扰动引起的感应线圈输出的微弱感应电动势放大至模数(analysis to digital, A/D)转换器的输入量程范围。其中,锁相放大电路所使用的参考信号源由激励电路提供。传感器调理电路的一般组成如图 2-10 所示。

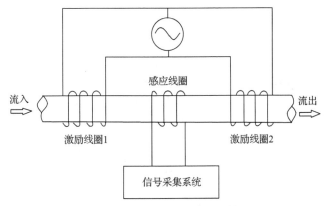

图 2-9　传感器检测金属磨粒工作原理

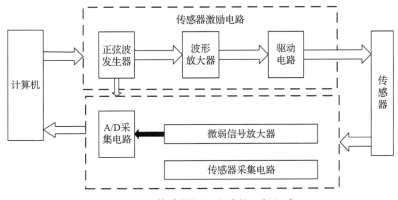

图 2-10　传感器调理电路的一般组成

1. 激励单元

激励单元由单片机 DDS、差分放大电路、IV 转化电路与激励源等构成，可以根据需要来调节相应激励频率参数。图 2-11 是激励单元电路实物图。对 DDS 电路进行激励，即通过驱动电压的差分放大生成正弦电流激励源，直接对一定频率的正弦信号数字频率合成器进行激励，实现激励线圈功能，释放放大器的输出信号当作参考结果。

2. 检测单元

通过传感器导管的金属磨粒直径很小，故它在感应线圈中产生的电势比较微弱，通用的信号放大法也很难获取有效信号，甚至会因信号噪声的放大而掩盖有用信号。这导致通过锁相放大器来放大感应线圈的输出信号成为必然，即传感器单元应放大和过滤感应线圈及励磁线圈的信号，并在示波器输出。

图 2-11　激励单元电路实物图

3. 锁相放大器

锁相放大器利用和被测信号有相同频率和相位关系的参考信号作为比较基准，只对被测信号本身和那些与参考信号同频(或倍频)、同相的噪声分量有响应，因此能大幅抑制无用噪声，改善检测信噪比。此外，锁相放大器有很高的检测灵敏度，信号处理比较简单，是弱信号检测的一种有效放大器。

锁相放大器利用互相关技术[42]，若两个信号函数分别为 $x(t)$ 和 $r(t)$，其相关函数用 $R_{xr}(\tau)$ 来表示：

$$R_{xr}(\tau) = \lim_{\tau \to \infty} \frac{1}{T} \int_0^\tau x(t) r(t-i) \mathrm{d}t \tag{2-15}$$

在此方程中，两个信号函数之间的延迟时间是 i。由于每个信号中都包含有效信号部分 $s(t)$ 和噪声部分 $n(t)$，假设信号 $x(t)$ 可以改写为 $x(t)=s(t)+n(t)$，$r(t)$ 为参考信号，要求参考信号和有效信号 $s(t)$ 具有相同的频率。把 $x(t)$ 改写后的表达式代入式(2-15)，则得

$$R_{xr}(\tau) = \lim_{\tau \to \infty} \frac{1}{T} \int_0^\tau \left[s(t) + n(t) \right] r(t-i) \mathrm{d}t \tag{2-16}$$

例如，有效信号成分 $s(t)$ 与参考信号成分 $r(t)$ 的相关函数如下：

$$R_{sr}(\tau) = \lim_{s \to \infty} \frac{1}{T} \int_0^\tau s(t) r(t-i) \mathrm{d}t \tag{2-17}$$

此时噪声成分 $n(t)$ 与参考信号成分 $r(t)$ 的相关函数如下：

$$R_{nr}(\tau) = \lim_{n \to \infty} \frac{1}{T} \int_0^\tau n(t) r(t-i) \mathrm{d}t \tag{2-18}$$

由此得出信号 $x(t)$ 和参考信号 $r(t)$ 的相关函数表达式为

$$
\begin{aligned}
R_{xr}(\tau) &= \lim_{\tau \to \infty} \frac{1}{T} \int_0^\tau x(t) r(t-i) \mathrm{d}t \\
&= \lim_{\tau \to \infty} \frac{1}{T} \int_0^\tau s(t) r(t-i) \mathrm{d}t + \lim_{\tau \to \infty} \frac{1}{T} \int_0^\tau n(t) r(t-i) \mathrm{d}t
\end{aligned}
\tag{2-19}
$$

由于 $n(t)$ 和 $r(t)$ 之间没有关系，且假定噪声是均值为零的随机信号，所以相关函数 $R_{xr}(\tau)=0$，得到如下结果：

$$
R_{xr}(\tau) = R_{sr}(\tau) + R_{nr}(\tau)
\tag{2-20}
$$

因此，测出两个相关函数的值，就能够提取淹没在噪声中的待测微弱信号，而且还能对噪声进行充分抑制。

2.2.3　电感式传感器激励特性的研究现状

文献[43]针对电感磨粒传感器对小颗粒感应电动势较弱的现象，基于电磁原理、交流电原理和毕奥-萨伐尔定律，建立了传感器感应电动势的数学模型。通过分析激励频率和磨粒大小对感应电动势的影响，并考虑双磨粒通过传感器的情况，进行了相应的试验，验证了模型的正确性，为传感器的工程应用设计提供了理论依据。

传统的油液监测技术主要采用离线方法，如颗粒计数法和光谱分析法，可用于油品及油中固体杂质的离线监测。然而，这些方法需要先取样再分析，不仅耗时费力且成本高，测定结果返回也具有滞后性。因此，它已逐渐被在线监测技术所取代。在国外成功应用的是美国 MACOM 公司开发的 TechAlert[TM]10 型磨粒传感器、加拿大 GasTOPS 公司开发的 MetalSCAN 磨粒传感器以及英国 KittiWake 公司开发的 FG 型在线磨粒传感器[44]。我国针对电感式传感器也进行了大量研究，如李萌等[18]建立了绕组中含有强磁性的磁场模型，电感变化率达到 10^{-7} 量级；王志娟等[45]建立了感应线圈和强磁性磨粒的简单模型；吴超等[46]用有限元分析方法设计了差分螺杆传感器，当磨粒直径为 150μm 时可达到的感应电动势幅值为 10^{-6} 量级。如何提升信号强度一直是传感器设计及技术发展中的重点，这也是制约油液健康监测仍停留在试验研究层面上的因素之一。

2.2.4　电感式传感器在线监测的研究内容

针对在线监测传感器检测精度不高的问题，建立具有内置电路传感器的数学模型，进而解析铁磁性金属磨粒在交变磁场中的磁化机制。

以麦克斯韦方程为基础，对金属颗粒在中高频交变磁场中的磁化过程进行理论研究，为建立传感器的数学模型提供理论指导；基于毕奥-萨伐尔定律和法拉第电磁感应定律[42]，建立线圈传感器的三维模型，利用 MATLAB 对不同参数对传感器检测精度的影响进行仿真。

为提高磨粒在线监测传感器检测铁磁性和非铁磁性磨粒的精度，针对这两种金属颗粒在高频交变磁场中的磁化特点，设计传感器电路。在传感器电路中导入 LC 振荡电路，可以高效滤除高频噪声，提升传感器的灵敏度和信噪比。

本章建立完善的传感器在线监测系统，通过模拟滑油流动的实际工况，将铁磁性颗粒的检测精度从 200μm 提高到 80～90μm，非铁磁性颗粒的检测精度由 400μm 提高到 200μm，已经达到了国内同类传感器的先进水平，为实际工况的在线监测提供了技术指导和设备支持。

2.2.5　电感式传感器的研究方法

电感式传感器的测量机理是将被测信号转化为传感器等效感应线圈的阻抗值 Z、等效电感值 L 和质量 q 等三个参数变量，并将电感式传感器的被测信号通过一个信息电路来传输和运算；另外，在必要时将步进转换为感应电压、电流、频率等电磁波信号。常用的信号测量方法有谐振频率测量法、交流电桥法、振幅调制法。

1. 谐振频率测量法

谐振频率测量一般是以振动频率的变化作为输出信号，假设要输出电压信号，则需在振荡器之后串联鉴频器。绕组不同，感应系数不同，由具有非常稳定的云母电容或适当负温度系数的电容为谐振电容 C 进行温度补偿，原理如图 2-12 所示。

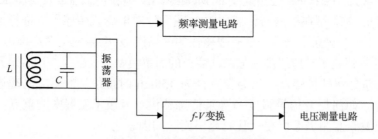

图 2-12　谐振频率测量原理图

在由传感器探头和并联蓄电池组成的并联谐振电路中，收集器探头是一种可调的电感，其并联电容量已知。测频电路测量谐振电路的谐振频率，共振频率可以依据公式 $f = 1/(2\pi\sqrt{LC})$ 得到。

当油液磨粒经过导管时，传感器绕组的电感会发生变化，电路的谐振频率也会随之变化。共振频率越高，油液磨粒的测量灵敏度越高，监测电感精度也就越高。

2. 交流电桥法

油液磨粒能引起感应器绕组的等效电感和等效阻抗的变化，因此可以用交流电桥法检测金属磨粒。把磨粒感应器连接到一个桥臂，其余三个桥臂使用固定的阻抗。为降低环境扰动和进行温度补偿，将与探测线圈相同的线圈作为补偿线圈，接入与探测线圈相邻的桥臂。交流电桥法示意图如图 2-13 所示。

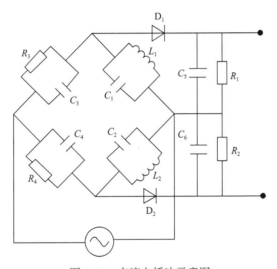

图 2-13　交流电桥法示意图

油液中的金属磨粒只会使探测线圈的磁场发生变化，不会引起补偿线圈的改变，桥路处于同一外部环境。从最初调节补偿线圈的系数开始，使电桥最终达到平衡态，导出的信号为零。金属磨粒进入后，感应器绕组的电感和阻抗发生变化，电桥失衡，输出电压代表金属磨粒大小的信号值。在电路中，可以根据输出电压的正负来确定粒子类型。因此，不仅要在电桥上提供足够幅值的高频电压，而且要控制剩余电场，对电压频率和幅值的稳定性有很高的要求。激励电压的稳定性直接影响频率和振动信号能否稳定采集，故石英晶体振荡器常被用作桥式电源。

平衡电桥的测量电路框图如 2-14 所示，由石英晶体振荡器、晶体管和三极管组成的感应反馈三点振荡器组成，向 B 型桥式功率放大器供电，由两个三极管组成的开环放大器提供缓冲电平，能够产生足够的振幅和稳定的频率。

3. 振幅调制法

电路调幅 LC 电路产生的信号为电压振幅。恒定频率振幅调制电路的原理如图 2-15 所示。

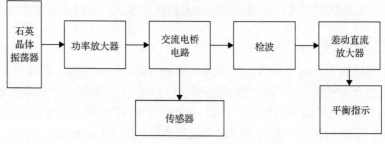

图 2-14　平衡电桥测量电路框图

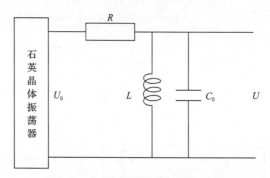

图 2-15　恒定频率振幅调制原理图

　　恒定频率的振幅调制电路是将具有固定容积值的电容器与传感器绕组并联构成一个振荡电路,外界有修正振荡器并联的谐振电路。当并联谐振电路的固有频率与石英晶体振荡器提供的频率相同时,电路中的阻抗 Z 最大,输出电压也是最大的。当油液磨粒进入绕组的磁场时,输出电压变小,谐振峰向两侧偏移(图 2-16)。若进入的是非铁磁性磨粒,则谐振曲线向右移动;若进入的是铁磁

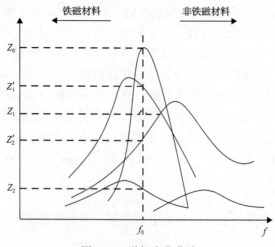

图 2-16　谐振变化曲线

性磨粒，则谐振曲线向左移动。所以可以通过测量相位变化来分辨磨粒的类型，通过测量电压的改变值来测量磨粒的大小。

谐振电路输出低电压高频载波信号，为方便信号的传输和测量，将该高频振幅调制波的电压改变成直流电压或低频电压之后，再通过交流放大、检波和滤波器等其他电路。石英晶体振荡器提供稳定的振动信号和感应线圈，将感应线圈的感应器与电容构成并联谐振电路，电路框图如图 2-17 所示。

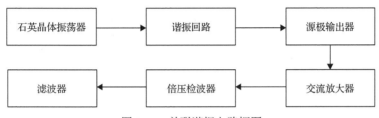

图 2-17　并联谐振电路框图

振幅调制法有两种方式，即恒定频率调制和变频调制。恒定频率调制电路的优点是测量稳定性好、测量精度高，但测量调理电路复杂、线性度低。变频调制电路是使传感器的绕组直接进入电容三点振荡电路，表现为：无磨粒，电路为谐振状态；有磨粒，谐振频率和输出电压均发生变化。

2.3　基于光纤式传感器的在线监测

2.3.1　光纤式传感器的机械特性分析

1. 光纤的物理特性

光纤式传感器的灵敏度与精度非常高，并且安全性高[47]，除此之外，还有能抵抗电磁扰动、绝缘性能极好等优点。光纤具有一定的力学性能，能弯曲、能承受外界环境压力和拉力。

1）可弯曲性

光纤结构细长，具有较好的延展性。光纤借助外界力量作用，内部压缩、外部伸长。去除外力后，光纤受到弹性力恢复到原始状态。由于光纤弯曲半径过大，在超出光纤结构允许曲率范围时会产生断裂，此时光纤的弯曲性能受到其机械强度的限制。为了保证光纤的弯曲性能，必须有效提高光纤的机械强度。当光纤弯曲时，它会变形如下：

$$\frac{\Delta L}{L} = \frac{1}{E}\frac{F}{A} \tag{2-21}$$

其中，$\dfrac{\Delta L}{L}$ 为应变；E 为杨氏模量；F 为外加作用力；A 为纤芯横截面积。

2) 抗拉性

拉伸强度可根据以下经验公式计算：

$$F_k = \frac{1572 \times (111.8 + 2a)}{1525 + 2a} \tag{2-22}$$

其中，a 为纤芯半径。

除上面所描述的特征，光纤还具有耐高温、耐蚀性、不导电性和可连接的特点等。

2. 光纤的损耗特性

光纤的耗损是指光在光纤中的传播过程受外界因素的影响，光功率逐渐降低。引起光纤损耗的因素主要有光纤中光的吸收、散射和辐射等[48]。

1) 吸收损耗

当光通过透明物质时，组成该物质的分子在不同的振动条件间转换。假如辐射发生，光纤材料就能吸收来自光的能量，由此导致光的损失。光纤的吸收损耗可以分为物质本征吸收损耗(物质固有的吸收特性引起的损耗)、不纯物吸收损耗(光纤材料中含有其他金属，它们有各自的吸收峰和吸收带)、原子缺陷吸收损耗(光纤材料受热或强辐射时产生的原子缺陷，影响对光的吸收)等。

2) 散射损耗

散射损耗是指光向光纤外扩散而引起的光功率变化，主要包含瑞利扩散损耗和结构扩散损耗。瑞利扩散损耗是由材料密度的不均匀性而引起的固有光纤损耗；结构扩散损耗是由结构缺陷引起的扩散损耗，与光的波长无关。

3) 辐射损耗

辐射损耗是光纤在应力作用下弯曲引起的光能泄漏。依据光波耦合理论，辐射损耗分为弯曲损耗(图 2-18)和传输损耗(图 2-19)。在理想情况下，光波在光纤中的传播遵循全反射条件，使得光能被限制在光纤核心中传播。然而，当光纤发生弯曲时，特别是当弯曲半径减小到一定程度时，原本在光纤核心中传播的光波模式会转变为泄漏模式或辐射模式，从而导致光功率的损失。如图 2-18 所示，当光纤在应力下弯曲时，微小弯曲位置的传播常数发生变化，使光纤内部模态发生变化，发生一种可逆现象，即模耦合，进而导致辐射损耗。

如图 2-19 所示，晶体的光被折射，产生两束垂直偏振的光束。石英晶体中光向不同的方向传播，导致光强度损耗。光纤越敏感，损耗现象越明显。轴向应力和光纤应力状态增加了光纤的各向异性，改变了光纤的折射状态，称为"光弹效应"，导致透射模式向辐射模式的转变能量更大，从而增加了光强的辐射损失。

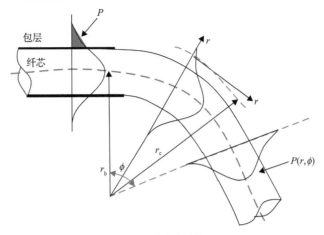

图 2-18　弯曲损耗机理

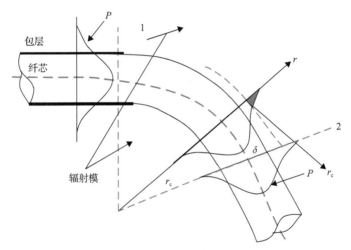

图 2-19　传输损耗机理

当光纤在应力下弯曲时，其变形方程可表达为

$$f(z) = u(t)\sin(Pz)\qquad(2\text{-}23)$$

其中，$u(t)$ 为光纤弯曲振幅随时间的变化，即动态振幅；P 为空间频率，$P=2\pi/t$（变形函数的周期为 t）；z 为弯曲点到光纤入射端的位移。

根据光波理论，变形损耗系数可近似表达为

$$\alpha = \frac{1}{4}ku^2(t)L\left|\frac{\sin(\rho-\Delta\beta)L/2}{(\rho-\Delta\beta)L/2}\right|^2\qquad(2\text{-}24)$$

其中，k 为比例系数；L 为光纤变形长度；$\Delta\beta$ 为传播系数差，光纤发生变形时

$\Delta\beta = 2\sqrt{\delta}/r$，$\delta$ 为相对折射率差，表达式为

$$\delta = (n_1^2 - n_2^2)/(2n_1^2) \approx (n_1 - n_2)/n_1 \qquad (2\text{-}25)$$

n_1 为纤芯的折射率，n_2 为包层的折射率。

3. 光纤的结构特性

针对反射光纤式传感器，探头的构造决定了传感器的调制特性。一般来说，反射光纤式传感器对前坡灵敏度较高，故短距离检测要依靠传感器的前坡特性；然而其对后坡灵敏度低，但检测范围宽，故对灵敏度要求不高的监测可以利用其后坡特性。

光纤探头有许多不同的结构，最常见的是：单光纤结构、双光纤结构、平行结构、同心圆(同轴)结构、随机结构(随机类型)等[49]，如图 2-20 所示。

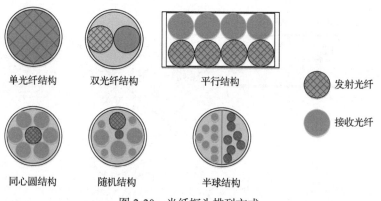

图 2-20　光纤探头排列方式

单光纤结构采用 Y 形多模光纤，既可作为发射光纤，也可接收信号。此类光纤测距短、测量精度高；但是其产生的光电流强度小，且其探头主体没有结构补偿，特别容易受监测环境噪声的干扰。因此，利用此类结构传感器对被测环境和被测对象有很高的要求。

双光纤结构的主要特点是每个光纤中集成了两根单芯光纤(分别为发射光纤和接收光纤)，具有独特的传输特性，即较大的色散值和特定的色散特性。通过调整双芯直径和两芯距离，可以实现特定的色散补偿。

平行结构具有补偿能力强、加工方便等优点，在实践中得到了广泛的应用。然而，由于结构形状的不对称，光信号的输出会受到表面粗糙度、材质纹理方向和光纤轴向角度等的影响。

同心圆结构采用单光纤作为传输光纤，光纤束作为接收光纤。该探头是第一种采用光纤束结构的探头。与单(多)光纤相比，其孔径较小，灯光所发出的光线

投射到被测物体表面上的亮度是最小的,使得检测分辨率更高,从而可提高测量精度。然而,因其缺失结构补充,与单光纤结构一样,其光电流会受到环境噪声的影响。因此,相关研究人员发明了两种同心圆结构,即多层同心圆结构和发射光纤为 Y 形光纤的同心圆结构,以中间的光纤为中心轴,外圈的光纤以一路为输出信号,其余路为参考信号,这样就实现了结构互补,所以其结构是对称的。

综上所述,单光纤结构的光纤既是发射光纤又是接收光纤,测量范围小,对光纤结构参数敏感。双光纤结构的传感器测量范围广,但通常仅使用一根光纤,导致接收的光通量很低。平行结构采用光纤束增加光通量,但无补偿结构,测量精度容易受到外部测量环境噪声的干扰。同心圆结构采用同轴光纤,可以提高光通量,结构对称,测量范围广,已经成为一种广泛使用的光纤探针结构[50]。

2.3.2　基于分布光纤式传感器的在线监测系统

分布光纤式传感器通过利用光纤的传输和传感功能,能够对外界参数如电流、温度、速度和射线等进行监测。它在监测设备油液状态中也起着重要作用,可以及时监督维修,确保生产安全。分布光纤式温度传感系统主要用来实时测量空间温度,是国外开发的一种实时监测温度场的新技术系统[51]。其核心是用两束光束的相干性来确定传播过程中的干扰(温度)。两束具有相同强度、相同波长和相同相位的光束在经过相同距离后保持相同的参数,然而,如果其中一束受到外部干扰,而干扰因素是温度,光束的路径就会改变,导致两束光束之间产生相位差,从而改变输出光的强度。通过测量光纤强度的变化,可以得到光纤的外部干扰。温度信号经过波长分割复用、检测和解调后,可发送到信号处理系统进行实时显示。一根数公里甚至数十公里长的光纤被铺设到待测空间,可以连续测量待测空间中整根电缆的温度。

基于分布光纤式传感器的在线监测系统具有以下优势[52]:

(1)抗电磁干扰。光纤本体由石英材质构成,本身具有电绝缘性;另外,光纤式传感器信号由光纤传输,光纤本身不受任何外部电磁环境的干扰。

(2)本征防雷。闪电通常会破坏许多电气传感器,光纤式传感器由于其完全的电气绝缘特性,能够抵抗高压和大电流的冲击。

(3)测量距离远,适于远程监控。光纤具有数据传输量大、损耗低的特点,无需中继即可使用,可实现数十公里的远程监控。

(4)灵敏度高,测量精度高。光纤式传感器具有高灵敏度和测量精度,它们优于普通传感器,具有更好、更完善的性能。

在实际监测现场,信号源本身、传感器以及外部干扰等各种因素导致系统采集的信号中不可避免混入干扰信号,如果干扰信号严重,会淹没有效信号。这样的信号不能真正对被测量对象的状态信息作出反应。因此，在监控系统的设计中，为了提高信号质量和监控系统的质量及稳定性，即提高信噪比，考虑采用数字滤波技术对信号进行平滑处理[53]。在光纤传感信号降噪方法中：极限滤波法适用于慢变化数据的处理，其干扰小，但平滑效果差；算术平均滤波和中水平滤波要求每次重复多次采样来完成单个滤波，不能满足系统的实时性；加权滑动平均滤波需要不断计算每个权重的系数，在增加计算复杂度的同时降低了速度，而且采样周期长，对慢变化信号的滤波效果差，适合于短采样周期信号；滑动平均滤波适用于高频振荡系统，是在线高速数据处理等实时性要求较高时的首选方法，可以有效抑制周期性干扰和无线电干扰。从实时性的角度来看，滑动平均滤波方法优于其他滤波方法。

2.4　基于超声波传感器的在线监测

2.4.1　超声波传感器技术的研究现状

我国科技水平持续增强，综合国力不断提升，大量重工业设备更新换代投入使用，这些装备的投入以及新机器的使用会出现新故障，准确监测新的未接触过的故障和及时维护故障设备成为重中之重[54]。在各种机器或装备的故障中，超过半数都是零部件间的摩擦磨损产生的。这些磨损会导致零部件异常运转，从而大大降低机器的工作效率或装备的精度，如果发现不及时，会导致机器停工甚至报废，这给生产带来了极大的隐患，损失是不可估量的。而在机械系统中，滑油的使用较为普遍，因为它可以大大降低各部件之间的摩擦系数，降低摩擦生成的热量，从而减少故障隐患，保持良好的工作状态[55]。因此，机械系统服役过程中产生的油液磨粒信息，可以用来评估设备运行状态(健康、磨损、故障等)，便于更好地及时维修，在出现故障时，也能更加直观地发现出现故障的部位。

传统的离线监测在技术层面很难做到实时的监测，数据也具有一定的滞后性，无法同步传输数据，不利于对装备的损耗进行实时的掌握，这就增大了对在线监测技术的需求。而在众多在线监测技术中，超声波因具有很好的实时性而备受关注：超声波检测磨粒尺寸较大；可以很好地识别气泡、水滴和磨粒的形状及材料；能更好地穿透油液，对空间的分辨力也较高，能够做到同步、连续、实时等[56]。当使用超声波检测微米级的磨粒时，普遍存在一个现象，即油液磨粒所形成的焦斑区域体积不大且声压呈 Bessel 分布，所以通常采用具有较高谐振频率的高能聚焦超声换能器来采集信息，以提高检测灵敏度，尤其是在机械设备运行时间短的情况下，此时滑油系统中磨粒数目少且尺寸小，超声波检测精度受到此类现象干扰。声散射理论模型在超声波检测技术中起着重要作用[57]。

1. 油液磨粒声散射理论模型研究现状

超声波散射回波法用于检测油液中的磨粒，从理论上建立了磨粒的散射模型和剖析了磨粒的散射特性，通过大量试验仿真，得出了结论"不同形状的散射体具有不同的散射特性"[58]，为搜寻和识别磨粒大小、形状及材质给出了理论支撑。目前，声散射模型包括球形、有限长圆柱形和不规则形状物体等散射模型，其中弹性球散射模型相对成熟。采用基尔霍夫法和累积阻抗法分别实现了不规则波模型及其近似求解。Faran-Hickling 模型是最经典的弹性球散射模型，为散射体材料识别提供了理论依据。我国学者也做了大量研究工作，如李继凯等[59]进行了高斯分布表面超声背向散射研究、明廷锋等[60]进行了刚性球形颗粒在超声聚焦区的散射研究。

2. 超声散射信号处理研究现状

当使用超声波传感器检测到油液磨粒后，完成并校正回波信号非常重要。然而，在实际检测中，超声波仪器产生的噪声、环境噪声和传感器振动等严重干扰检测结果的准确性。这些噪声信号夹杂在超声监测信号（有效信息）中，有时甚至完全覆盖正常信号，所以对噪声信号进行滤波处理，有利于获取有效信号，从而便于开展磨粒信息的分析与识别。

处理超声信号的方法有很多，主要有自适应滤波、空域组合、逆谱分析、频率组合和裂纹分析等[53]。利用这些方法，可以从时间、空间、图像、频率等不同角度来提升超声波检测信号的信噪比，依据不同的筛选机制，去除噪声，还原信号本征信息。其中小波变换是一种同步分析信号时域和频域信息的方法，具备优于其他方法的特点（如很好的时频局部化特性），尤其适用于时变信号处理。Li 等[61]提出了广义同步挤压变换方法，通过组合平移、旋转、扭转等变换机制，利用同步挤压增强小波变换，进而获取清晰、高质量的信号时频描述；李楠[62]研究并解决了多分辨率分析中多尺度小波系数的短时小波分析问题。

3. 超声散射信号提取研究现状

特征提取是机械设备无损检测和磨损状态监测的瓶颈问题，其效果直接影响磨损检测的准确性。特征提取是一种模式识别技术，通过变换和映射将原始特征空间的高维模态向量转换到新的低维特征空间。常见的时域特征有波形、脉冲、峭度、裕度、峰峰值、过零率等，频域指标有中心频率、均方（根）频率、频率方差、频率标准差、短时功率谱密度、熵谱、共振峰等[63]。特征变换的方法有快速傅里叶变换、韦尔奇法、参数功率谱估计法、短时傅里叶变换、希尔伯特-黄变换（Hilbert-Huang transform，HHT）、小波变换、梅尔频率倒谱系数法、伽博（Gabor）

变换等[64-68]。

4. 磨粒知识与性能研究现状

随着计算机技术和人工智能技术的飞速发展,传统的基于专家知识经验的磨粒识别已经不能满足当前状态检测的要求(如时效性、系统性等),甚至有时会产生误判而导致检修不及时(导致事故)或过度检修(造成浪费)。将人工智能、计算技术、专家系统、图像处理方法和不确定理论(粗糙、模糊、灰色)引入油液磨粒分析,实现磨粒的智能识别,已成为服役装备在线检测的热点问题,在重大装备服役健康管理领域尤为突出[69-74]。

蒋志强[75]设计了一种基于微流控的油液磨粒在线监测系统,研究了图像退化模型,运用基于频域的方法估算运动模糊尺度,使用维纳滤波方法对磨粒运动模糊图像进行恢复;同时,基于频域残差显著性计算,提取油液磨粒区域,在此基础上构建评价指标,完成了磨粒目标检测。杜叶挺[76]在分析油液磨粒检测特点的基础上提出了一套基于图像数字化处理的油液磨粒检测系统。李一宁等[77]运用数值模拟的方法分析超声波声场的特性,在理论层面分析了在线超声磨粒检测方法,并利用时域有限差分法求解 KZK 方程,对超声换能器声场进行仿真,最后搭建了滑油超声波声场分布测量试验系统实际测量超声波声场特性。左云波等[78]提出了基于 N 步距离连通算法与改进 Sobel 算子的边缘分割改进算法,提高了磨粒检测图像分割的准确性,为磨粒统计识别奠定了分析基础。支持向量机是由 Vapnik 等于 1964 年针对神经网络的局限性提出的,它在模态识别方面有着广泛的应用前景,从最初的二元分类发展到现在的多重分类[79]。刘君强等[80]利用多目视觉识别方法标定磨粒图像并匹配、提取图像信息特征,最后将这些信息特征整合为局部特征矩阵。深度学习技术是目前机器学习领域最热门的研究方向,同时也在磨粒知识发现和特征挖掘方面得到了广泛应用。侯媛媛等[81]设计了图像增强方法进行图像数据增强消融研究,用于航空发动机滑油磨粒检测。王涛[82]利用电容层析成像(electrical capacitance tomography, ECT)技术实现了航空发动机磨损状态的智能监测,并搭建卷积神经网络对数据进行深度学习。

5. 超声波在线检测系统的研究与开发

在离线分析中,明显存在操作复杂(离线采样、存储、线下分析等)、检测周期长(为了保证监测样本量,需要长时间监测)、具有时滞性、磨损和磨损状态无法实时检测等缺陷。Li 等[83]设计了一种高通量感应脉冲传感器,可以实现高效、实时检测铁和有色金属细颗粒。王攀等[84]设计了一种外置式基于超声波传感器的固体颗粒检测装置,可以计算出固体颗粒的瞬时量和累计量。王明明等[85]设计了一种油液磨粒在线监测系统,包括循环检测旁路和清洗校准旁路,其中循环检测旁路接通在系统油路中，包括超声波单元、油液磨粒监测单元、循环油泵，从而实现系统油路内油液的实时监测。

2.4.2　超声波传感器技术的理论

超声波油液磨粒在线监测系统的重点环节是收集和分析处理磨粒散射的超声波信号。超声波磨粒传感器是监控系统硬件不可缺少的部分，软件方面则是使用了操作简单、高效稳定的 Delphi[86]。

油液磨粒在线监测系统主要由软件系统和硬件系统两大部分组成，两者协同，共同维持着监测系统的运行，无法独立运行。软件系统可以控制硬件系统进行相关工作，传输信号给予指示。硬件系统是否稳定可靠、有无故障，关系到整套系统的最终运行是否顺利，监测系统是否工作正常[87]。油液磨粒在线监测系统的硬件部分包括工控机、超声波检测卡、超声波传感器、在线油温传感器、齿轮泵等，如图 2-21 所示。

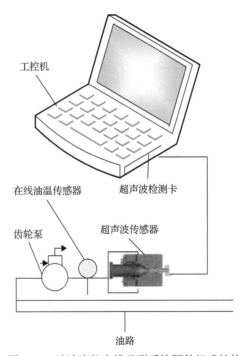

图 2-21　油液磨粒在线监测系统硬件组成结构

1. 工控机

工控机的主要作用是收集分析油路中磨粒的体积、数量等数据，这些数据是依据前期采集到的磨粒超声散射信号进行处理和分析而得到的，通过这些信息，可以分析出机器的运行状况和磨损的程度，得出具体结果并实时显示出来。

2. 超声波检测卡

超声波检测卡用于将信号转化，得出人们需要的信息，其工作原理如下：首先，激发超声波传感器，释放出高频超声波；然后，收集传感器产生的模拟电压信号并将之转换成可视化的数字信号；最后，将数字信号传输到工控机进行后续的分析和研究。

3. 超声波传感器

超声波传感器是与超声波检测卡互相配合的工作硬件，该部件安装在油路中。超声波的工作流程简述如下：超声波在油路中传播，当其遇到磨粒时，磨粒散射超声波信号并反馈给超声波传感器以产生电压信号，进而反馈给超声波检测卡。

4. 在线油温传感器

在线油温传感器的作用简而言之便是对设备内滑油的温度进行不间断的测量和展示，当油温超过或低于规定温度时，不可工作，需要进行维修后才可继续使用。

5. 齿轮泵

齿轮泵类似于水泵，是一种抽取工具，它从装备油路中抽取油液并进行传输，将油液中的磨粒提供给超声波传感器来检测。

2.4.3　超声波传感器的工作过程

油液磨粒在线监测系统的软件部分包括三个子程序，分别是传感器激励程序、信号数据综合处理程序和结果显示程序，如图 2-22 所示。

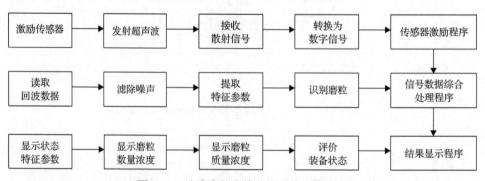

图 2-22　油液磨粒在线监测系统工作流程

系统启动之后，首先，调试使用激励传感器，程序运行使其释放出超声波，超声波传播遇到磨粒后反馈回来的信号被解析并转换为数字信号；接着，利用信号数据综合处理程序来降低超声波中存在的噪声，此动作的目的是更好地收集数据，提取出磨粒特征并完成对磨粒尺寸、数量的识别；最后，调用结果显示程序，对状态特征参数、磨粒数量浓度、磨粒质量浓度进行显示，使用户能够依靠这些数据了解装备的磨损状态，更好地做出判断[88]。

1. 传感器激励程序

传感器激励程序会在设备使用过程中对超声波传感器进行激励，使超声波传感器发射出高频的超声波，发射出的超声波在设备的油路中传播。此后，不同材质遇到超声波反射回的信息也不同，其返回的信息可能是磨粒散射返回的信息，也可能是杂质颗粒散射返回的信息，而散射产生的回波便是散射回波信号，最初返回的是电信号，可以利用系统将收集到的散射反馈信号转换为数字信号，并将其以离散数据的形式保存在缓存区中，以便后续综合分析处理时快速读取。

2. 信号数据综合处理程序

信号数据综合处理程序是整个监测系统软件程序的核心。在传感器激励程序中采集到的数据只是最原始的超声波散射回波信号(同时也存在噪声信号)，无法直接从中获取有利信息判断装备的使用情况。这就需要信号数据综合处理程序对数据进行分类处理，这样才可以抓取到真实可用的信号数据，进而可以分析出设备中磨粒的大小、数量、质地等一系列数据，方便后续的解析。

首先，程序调用数据提取函数从数据缓存区读取散射回波数据，数据的真实性会受很多外界因素影响，如温度、湿度等，导致提取的数据准确度不是很高，这就需要对影响数据准确性的外界因素进行剥离剔除。特征参数的提取是下一步磨粒识别的基础，可以有效地将不同磨粒的各个参数区分开来。然后，调用磨粒智能判别函数，通过分析去噪后的信号中的有效特征，比对磨粒本征变化特点，实现磨粒状态的识别和区分。

3. 结果显示程序

结果显示程序是为了体现最后的判别结论，将信号数据综合处理程序经过运算处理后得到的结果进行图表化(或图形化)显示，用户根据所展示的数据进行磨粒状态判定；另外，当数据异常(磨粒知识与磨粒现状参数比对异常)时，会进行相应的预警和提示出现故障的类型、位置、程度等信息。通过这几个图形的综合分析，用户便可以实时掌握滑油中的磨粒信息，以此获悉装备的磨损状态，当需要维护或维修时，及时进行维护保养。

在硬件设施搭建完成后，试行通畅，并且在软件系统调试、相关设计完备的基础上，用完整的油液在线监测系统进行装备试验验证。试验结果表明，基于超声波的油液在线监测系统具有良好的检测效果，能够实时地反映装备的运行情况。

2.5　基于显微图像处理的在线监测

图像处理技术的应用弥补了传统油液监测技术的不足，为油液监测技术获取越来越多的信息提供了良好的思路。在过去的几十年里，研究人员开发了一种基于图像的在线石油和流体分析方法，并收集和处理实时颗粒数据[89]。基于这些图像传感器的在线分析方法能够提高数据分析及维护的时效性。但是，与能够提取丰富磨粒特征的常规铁谱图像相比，现在常用的在线显微图像只能提取部分统计特征(如数量、浓度、尺寸、颜色等)。而更重要的油液中单个磨粒的详细形态信息，由于图像的画质相对较差，无法快速准确地获取。

基于显微图像处理的油液在线监测系统[90]通常包括图像检测子系统、微流控油液分析芯片、油液进样子系统和在线监测传感器，该系统可用于较小颗粒的监测。通过检测基于静电感应原理设计的磨粒在线监测传感器释放出的静电信号可以得到磨粒浓度，以此来判断装备的磨损情况，当预警信号通过磨粒在线监测传感器发出时，图像监测系统会随之启动，以此来全方位地判断设备的磨损情况，通过油液图像的识别来实现监测，但由于显微图像的采集对油液的纯净度要求较高，并且相关设备复杂，其在应用中缺少了实用性。

铁谱图像是分析仪器运行状态的重要图像[91]，因为滑油中的微观颗粒沉积在磁场中，所以磨粒特征的提取和识别是磨损状态检测的重要任务。人工铁谱图像分析主要依靠专家和经验丰富的工作人员完成，这要求分析人员具有较高的专业技能，且难以推广。同时，定性分析的结果过于依赖分析人员的主观判断和经验，可能导致错误，会降低人力分析的效率，在一定程度上会浪费人力资源。这种情况已经不能满足机械设备自动化监测和快速分析的需求，已经成为铁谱技术发展的瓶颈问题。

国外对显微图像颗粒分析方法的研究中，相关研究人员对磨粒的二维特征进行了大量研究，并将其应用于油液监测试验。由于图像处理技术的成熟，以及视觉技术的高速发展，对磨粒三维图像的分析逐渐成为焦点。通过监测磨粒的高度、方向等数据，可以获得磨粒在三维上的特征，进而识别出疲劳块、层和滑动磨粒。但这种方法目前国内外的相关研究仍停留在理论分析的阶段，对磨粒的三维分析还没有开展，也没有理论来描述三维磨粒的形状特征。因此，这种分析方法是油液在线监测的重要研究方向，而优化油液磨粒在线监测系统是研究的关键，其中磨粒图像的处理算法是重点。

2.5.1 磨粒监测流程

一般地，机械设备滑油系统中的磨粒尺寸小于等于 200μm，在正常观测状态下磨粒图像及特征难以发现，所以引入了显微技术[92]。首先使用显微系统对磨粒进行放大显示，然后使用图像传感器收集放大后的磨粒图像，最后将其存储到磨粒图谱知识库中。

2.5.2 系统总体结构

借鉴南京航空航天大学开发的 DMAS 智能化铁谱分析系统的建设方法，并设计计算机、显微成像子系统、油液分析芯片和油液进样子系统。当监测和分析油液时，油液平稳地流向分析芯片，显微图像系统中的物镜与分析芯片中的油液流动管对准，视野中的磨粒被放大，图像传感器采集磨粒图像。

2.5.3 显微成像系统设计

细颗粒图像处理系统由显微镜和图像传感器组成。在显微镜物镜的作用下，图像传感器中的光采集装置接收到芯片中的磨粒并进行分析，绘制成放大、倒立的图像，这就是磨粒的图像。

2.5.4 油液分析芯片设计

1. 油液分析芯片结构设计

油液分析芯片结构设计要求如表 2-2 所示。

表 2-2　油液分析芯片结构设计要求

指标	具体要求
成像要求	分析芯片应具有较好的光学性能
显微成像系统景深范围	芯片中油液管道的深度不能太大，应为微米级
显微成像系统视场角度	芯片中油液管道的宽度不能太大，应为毫米级或者微米级
油液流动和成像效果	管道形状应该为矩形截面，而且截面尺寸应该一致，即对管道壁面质量要求较高
监测对象	油液有一定的腐蚀性，芯片材料与分析油液之间不能发生化学反应

MEMS 的工艺已发展成熟，可以加工微流控芯片[93]，此芯片的管道只有微米级。除此之外，其加工基材材质也有很多种，目前的主要材料是玻璃，由于玻璃具有良好的透明性和耐腐蚀性，可以很好地捕捉到图像，满足油液监测的需求。

2. 油液分析芯片放置方式的确定

油液磨粒在线监测系统要求芯片管道中的油液-磨粒属于稀疏两相流,可忽略磨粒之间的相互作用。为使光学显微镜的放置方式可靠,操作便捷,一般采用两种放置方式,即立式和侧卧式。

2.5.5　磨粒图像处理

解决运动模糊的方法一般有两种[94]:①减少曝光时间,可以减少摄像机和磨粒之间的相对运动,但不限制摄像机的拍摄。但是由于曝光时间短,图像的信噪比低,图像质量差。虽然可以通过提升摄像头的像素来改善画质,但效果有限且硬件成本高。②建立运动模糊图像的退化模型,运动模糊图像的恢复问题可通过数学手段来解决,在一定程度上具有普遍性。

综合以上介绍,对国内外的油液磨粒在线监测方法优缺点进行汇总,如表 2-3 所示。

表 2-3　油液磨粒在线监测方法优缺点对比汇总

原理	方法	传感器	检测到的材料	探测范围	优点	缺点
电容式	电容介电常数	批量电容式传感器	金属磨粒	不适用	高流量	低灵敏度、受水分影响、大敏感区
		微流控电容式传感器	金属磨粒	$10\sim40\mu m$	高灵敏度	流量极低、受水分影响大
电感式	三维螺线管线圈	金属扫描传感器	铁、有色金属磨粒	$100\sim3360\mu m$	区分黑色和有色金属磨粒、单个磨粒	低灵敏度,由于感应区别大,会将多个磨粒识别为一个大磨粒
	双层平面线圈	感应脉冲传感器	铁、有色金属磨粒	$20\sim1000\mu m$	区分黑色和有色金属磨粒、单个磨粒	低流量
光纤式	光学磨粒形貌	有源像素传感器	固体磨粒	$5\sim160\mu m$	检测磨粒形状和材料	低产量,系统复杂,受原油透明度的影响大
超声波	超声振幅变化	超声波油液磨粒传感器	固体磨粒、气泡	$170\sim1000\mu m$	探测固体磨粒和气泡	结构复杂,不能区分金属磨粒和非金属磨粒
		集成超声感应脉冲传感器	金属磨粒、陶瓷、气泡	$50\sim310\mu m$	区分黑色、有色、固体磨粒和气泡	低流量、复杂的流槽结构

第3章 油液磨粒电磁特征仿真

3.1 电磁场理论

电磁场理论结合了电理论与磁理论，由英国科学家麦克斯韦提出，即麦克斯韦电磁场理论方程[95]。

麦克斯韦方程组的微分形式如下：

$$\nabla \cdot D = \rho \tag{3-1}$$

$$\nabla \cdot B = 0 \tag{3-2}$$

$$\nabla \times E = -\frac{\partial B}{\partial t} \tag{3-3}$$

$$\nabla \times H = J + \frac{\partial D}{\partial t} \tag{3-4}$$

在电磁场中任一点处，满足以下定律：

(1)电位移的散度等于自由电荷的密度(高斯定律)；

(2)磁感应强度的散度在任何地方都等于零(高斯磁定律)；

(3)电场强度的旋度等于该点磁感应强度变化率的负数(法拉第定律)；

(4)磁场强度的旋度等于该点处传导电流密度与位移电流密度的矢量和(麦克斯韦-安培环路定律)。

3.1.1 安培定律

根据安培定律，两条无限长的平行导线，分别载有恒定电流 I_1 和 I_2，对应长度分别为 l_1 和 l_2，它们之间存在相互作用力，可以用式(3-5)表示：

$$dF_{12} = \frac{\mu_0}{4\pi} \frac{I_1 dl_1 \times (I_2 dl_2 \times \hat{R})}{R^2} \tag{3-5}$$

其中，真空中的磁导率 $\mu_0 = 4\pi \times 10^{-7} \text{H/m}$；两个电流元素之间的距离为 R；电流元素 $I_1 dl_1$ 与电流元素 $I_2 dl_2$ 之间的单位矢量为 $\hat{R}$。

3.1.2 毕奥-萨伐尔定律

毕奥-萨伐尔定律的内容是每个电流元素 Idl 在空间中的每个点 P 处被激发磁感应强度 dB 的大小与电流元素 Idl 的值成正比，与当前元素 Idl 所在处到 P 点的距离向量成正比，与当前元素 Idl 的夹角正弦值成正比，与当前元素 Idl 到点 P 的距离 r 的平方成反比[96]，如下所示：

$$dB = \frac{\mu}{4\pi} \frac{Idl \times \hat{r}}{r^2} \tag{3-6}$$

3.1.3 载流圆形线圈的磁场分布

如果空间中有一个圆形线圈，电流 I 流过，线圈的半径为 R，周长为 l；坐标设置在环的中心，使得整个环位于 xy 平面并与 z 轴对称，假设轴上有一个场点 $P(0,0,Z)$，点 P 处的磁场强度可以使用毕奥-萨伐尔定律计算如下[96]：

$$B = \int_0^I dB = \int_0^I \frac{\mu_0}{4\pi} \frac{Idl \times \hat{R}}{R^2} \tag{3-7}$$

环上每个对称点处的电流元素在 P 点产生的磁场强度在横向和径向上抵消，因此圆形线圈轴上的磁感应强度只有轴向分量，大小为

$$B = \frac{\mu_0}{2} \frac{R^2 I}{(R^2 + Z^2)^{3/2}} \tag{3-8}$$

在圆环中心点，当 $Z=0$ 时，磁场强度最大，即

$$B = \frac{\mu_0 I}{2R} \tag{3-9}$$

当场点 P 远离圆环，即 $Z \gg R$ 时，因 $(Z^2 + R^2)^{3/2} \approx Z^3$，故有

$$B = \frac{\mu_0 I R^2}{2Z^3} \tag{3-10}$$

3.1.4 螺线管中心轴线上的磁场分布

如图 3-1 所示，一个由 n 匝线圈排绕而成的长度为 l 的螺线圈，其内径为 R，流过线圈的总电流为 I。整个电磁铁可以认为是由 n 个线圈匝组成的，则电磁铁中心轴上任一点 Z 的磁感应强度 B 等于励磁磁场中 n 个线圈匝数之和[97]。

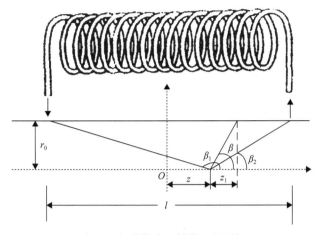

图 3-1 螺线管中心轴线上的磁场

式(3-7)可以改写为

$$B = \frac{\mu_0}{2} \int_{-\frac{l}{2}}^{\frac{l}{2}} \frac{In r_0^2 \mathrm{d}z}{\left[r_0^2 + (z_1 - z)^2 \right]^{3/2}} \tag{3-11}$$

由图 3-1 可知:

$$\sqrt{r_0^2 + (z_1 - z)^2} = R = \frac{r_0}{\sin \beta}, \quad z_1 - z = R \cos \beta \tag{3-12}$$

由以上公式可知:

$$\frac{z_1 - z}{r_0} = \cos \beta \tag{3-13}$$

再对式(3-13)微分可得

$$\mathrm{d}z = -r_0 \frac{\mathrm{d}\beta}{\sin^2 \beta} \tag{3-14}$$

代入式(3-11)得

$$B = -\frac{\mu_0}{2} nI \int_{\beta_1}^{\beta_2} \sin \beta \mathrm{d}\beta = -\frac{\mu_0}{2} nI (\cos \beta_1 - \cos \beta_2) \tag{3-15}$$

其中，在螺线管两端即 $z_1 = \pm 0.5$ 处，β 的数值分别为 β_1 和 β_2，所以有

$$\cos \beta_1 = \frac{\dfrac{l}{2}+z_1}{\sqrt{r_0^2 + \left(\dfrac{l}{2}+z_1\right)^2}}, \quad \cos \beta_2 = \frac{\dfrac{l}{2}-z_1}{\sqrt{r_0^2 + \left(\dfrac{l}{2}-z_1\right)^2}} \tag{3-16}$$

当 $l \geqslant 5r_0$ 时，有

$$B = \mu_0 nI \tag{3-17}$$

当 $z_1 = \dfrac{1}{2}$ 或 $z_1 = -\dfrac{1}{2}$ 时，有

$$B = \frac{\mu_0 nI}{2} \tag{3-18}$$

单层螺线管中心轴线上的磁感应强度分布如图 3-2 所示，当 $l \geqslant 5r_0$ 时，磁感应强度 B 的分布比较均匀，只有在螺线管两端点附近磁感应强度的值才明显下降。

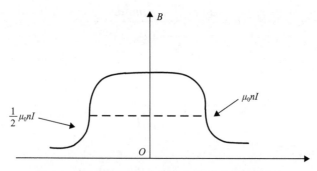

图 3-2　单层螺线管中心轴线上的磁感应强度分布

3.2　油液磨粒监测系统

3.2.1　系统组成

"机器的血液是滑油"。在机械设备内部，由于接触部件(如轴承、齿轮等)之间发生相对运动，不可避免地导致磨损。为了应对这一问题，滑油系统发挥了关键作用，对这些部件进行润滑、冷却，同时有效收集由磨损产生的碎屑。对滑油和碎屑进行监控分析可预测或判断这些相对运动部件的磨损或失效情况。故滑油监控历来是工业机械设备预防性维修和视情维护的重要组成部分。油液磨粒监测(oil debris monitoring，ODM)是航空发动机实时滑油监控系统的常见类型[98]。ODM 系统主要由 ODM 分离器(ODM separator)、ODM 传感器(ODM sensor)、

ODM 组件或信号调节组件(signal conditioning unit，SCU)组成。另外 ODM 系统的工作也离不开以下部件和系统：电子发动机控制(electronic engine control，EEC)系统和维护提示系统(maintenance alarm system，MAS)。ODM 系统主要由硬件系统和软件系统组成，如表 3-1 所示。

表 3-1　ODM 系统组成

系统	组成内容
硬件系统	传感器(黏度传感器、水分传感器、污染颗粒传感器、铁磁性磨粒传感器、密度传感器、油液品质传感器、温度传感器)、传感器接口模块、数据采集卡、电源、工控机、通信系统等
软件系统	工控机版本、局域网版本、互联网版本等

润滑的可靠性直接影响设备的正常运行。油液在线监测系统能够实时监测设备的润滑可靠性状态，保障设备的润滑安全，实现对在用油液的劣化和污染实时监测，以及设备的磨损状态监测，提升油液和设备健康水平，延长换油周期和设备寿命，提高企业经济效益。

3.2.2　系统工作原理

对发动机内部轴承齿轮等部件进行润滑冷却后的滑油回到滑油箱前，会经过油气碎屑分离器。油气碎屑混合物在分离器内是旋转流动的，油、气和碎屑的密度差会导致不同的离心力效应，从而使得滑油、碎屑和空气分离开来。滑油回到滑油箱，空气经油箱增压活门通到附件齿轮箱，碎屑被分离器内部最外圈的收集环收集起来，其中的铁磁性碎屑被 ODM 传感器吸住。

ODM 传感器头部有一个磁铁和一个感应线圈。当铁磁性碎屑从传感器磁铁产生的磁场内通过时，磁场将会改变。根据法拉第原理，磁场的变化将在线圈内产生一个感应电动势，此电动势对应的脉冲信号被传感器传输到 ODM 组件。

ODM 组件对脉冲信号进行处理，当碎屑是大于等于 0.13mg 的 M50 材料颗粒时，其产生的脉冲信号将被探测到；而小于 0.13mg 的碎屑或非 M50 材料的脉冲信号则不能被探测到[99]。

ODM 组件将探测到的模拟脉冲信号转换为数字脉冲信号并送给 EEC B 通道，EEC B 通道累计并存储脉冲的数量(即碎屑颗粒的数量)。EEC A 通道通过交叉通道数据链(cross channel data link，CCDL)从 EEC B 通道获取碎屑颗粒数量并存储。

对于探测到的碎屑颗粒数量，当一个航段达到 8 个或(人工清零计数之前)累计达到 20 个时，EEC B 通道将会在 MAS 上触发状态信息：ENG X OIL DEBRIS。另外在 MAS 维护数据页的 EPCS 子页面上显示实时的碎屑颗粒数量。

ODM 传感器位于发动机滑油系统主回油管路上，它是一个单通道工作传感器。ODM 传感器外部为不锈钢壳体，内部装有电磁感应线圈，其工作时传感器内部产生电磁场。当滑油系统回油中夹杂金属材质时，ODM 内部磁场会发生变化。磁场方向变化与金属碎屑性质相关(铁磁性金属会增强磁场，非铁磁性金属会减弱磁场)。磁感应强度变化量与碎屑尺寸成正比。ODM 传感器以此可以检测和测量铁磁性和非铁磁性金属及其数量、尺寸。ODM 传感器捕捉到的磁场变化信号被传送至发动机健康预测与管理单元(prognostics health and management unit, PHMU)，PHMU 将这些电磁信号转换成金属碎屑性质信息和碎屑变化率信息传送给发动机控制组件，用于滑油系统金属碎屑状态的监控与警告[100]。

3.2.3　油液磨粒监测系统的工作形式

滑油监控系统的工作形式分为如下两种：

(1)非实时(off-line)滑油分析，可通过光谱、铁谱及物理化学分析来提供非实时但详尽的信息，是滑油监控的传统方式。

(2)实时(on-line)滑油监控，通过实时监控轴承齿轮等部件的磨损及滑油恶化的状态来提供信息。该工作形式近几十年来发展迅速，目前已运用于以下工业领域：汽车发动机、风力发电机齿轮箱、航空发动机、船舶发动机、采矿设备等。实时滑油监控技术近些年的发展主要集中在滑油监控传感器上，根据技术不同分为三种：滑油品质传感器(oil quality sensor, OQS)、元素传感器(element sensor, ES)、磨损碎屑传感器(wear debris sensor, WDS)。

3.2.4　油液磨粒监测系统的实际应用

本节详细介绍 ODM 系统的两个实际应用。

1. 第一个实际应用

发动机滑油系统为发动机轴承提供润滑，是发动机众多系统中重要的子系统之一。传统发动机对滑油系统状态监控方法有限，如普惠 JT8D 系列发动机采用的是监控滑油油样关键元素变化趋势的方法、普惠 V2500 发动机采用的是定期检查发动机磁堵有无金属碎屑的方法。

21 世纪美国普惠公司设计的最新一代齿轮传动 PW1100G 系列发动机，在低压压气机引入风扇驱动齿轮用于驱动风扇转动，大幅提高了发动机增压比和发动机燃油效率[101]。但带来发动机滑油系统设计相对复杂、对滑油系统状态的监控要求提高等问题。传统的发动机滑油状态监控方法已经不能满足这些新的要求。因此，PW1100G 系列发动机引入了 ODM 滑油碎屑监控系统，实时监控滑油系统工作情况并触发警告。

发动机滑油监控报文的出现使航空公司对滑油系统状态监控成为可能[102]。滑油系统状态监控方式相对于传统发动机滑油监控是一种技术上的飞跃。对于滑油系统状态监控，虽然目前收集的案例还很少，应用有限，但是随着机队规模扩大，航空公司使用经验日益丰富，滑油系统状态监控将有效提高航空公司对滑油系统故障的掌控，便于航空公司合理地制定发动机维护方案，提高发动机运行保证能力。

2. 第二个实际应用

737MAX 飞机运行中，当 EEC B 通道从 ODM 获得碎屑颗粒信号时，其可通过 ACARS（飞机通信寻址与报告系统）向航空公司或发动机厂家发送 ODM 报文，各方发动机工程师据此发布相应的预防性维修方案，从而避免发动机进一步损坏或空停发生。

当碎屑颗粒的数量超过限制值时，飞机落地后将点亮 MAINT 灯并出现状态信息。维护人员按故障隔离手册（fault isolation manual, FIM）、飞机维修手册（aircraft maintenance manual, AMM）等及发动机厂家的方案对发动机进行故障隔离和排除。当故障确认在 ODM 内部时，也可按最低设备清单（minimum equipment list, MEL）保留故障来放行飞机。

ODM 的应用使得以往例行的发动机滑油磁堵检查工作变成视情维护项目，从而减少维护时间和成本并使得发动机工作全过程相对更为安全可控。

3.3　特征提取技术

3.3.1　主成分分析

主成分分析（principal component analysis，PCA）[103]是一种统计方法，将一组相关非线性变量垂直转换为一组最可能的相关变量。顾名思义，PCA 就是找出数据中最重要的方面，用数据中最重要的方面来代替原始数据。具体地，假如有 M 个样本 $\{X^1, X^2, \cdots, X^M\}$，每个样本有 N 维特征 $X^l=(X_1^l, X_2^l, \cdots, X_N^l)$。希望将这 M 个数据的维度从 N 维降到 N' 维，且这 M 个 N' 维的数据尽可能地代表原始数据集。

PCA 是最常用的线性降维方法，其目标是通过特定的线性投影将高维数据映射到低维空间，在投影上获得最大数量的数据信息（最大方差），从而使用更少的数据维，保留更多原始数据点的特征，即尽量保证在"信息量不丢失"的情况下降低原始特征层次。

PCA 的计算过程如下[104]：第 i 个主成分矩阵 Z_i 用单位加权向量 W_i 和 $p \times n$（p 为变量个数，n 为数据集个数）的原始数据矩阵 X 表示：

$$Z_i = W_i^T X = \sum_{j=1}^{p} W_{ij} X_j \tag{3-19}$$

其中，W 为加载系数；X 为 n 维数据向量。根据主成分分析的定义，X 的方差 $\mathrm{var}(X)$ 是通过将 X 投影到 W 得到的，它应该被最大化，如下：

$$\mathrm{var}(X) = \frac{1}{n}(W^{\mathrm{T}}X)(W^{\mathrm{T}}X)^{\mathrm{T}} = \frac{1}{n}W^{\mathrm{T}}XX^{\mathrm{T}}W \tag{3-20}$$

$$\max \mathrm{var}(X) = \max\left(\frac{1}{n}W^{\mathrm{T}}XX^{\mathrm{T}}W\right) \tag{3-21}$$

由于 $\frac{1}{n}XX^{\mathrm{T}}$ 与 $X(\mathrm{cov}(X))$ 的协方差矩阵相同，$\mathrm{var}(X)$ 可以表示为

$$\mathrm{var}(X) = W^{\mathrm{T}}\mathrm{cov}(X)W \tag{3-22}$$

应用拉格朗日乘子法，可以定义一个拉格朗日函数：

$$L = W^{\mathrm{T}}\mathrm{cov}(X)W - \lambda(W^{\mathrm{T}}W - 1) \tag{3-23}$$

采用等式约束 $W^{\mathrm{T}}W - 1 = 0$，因为权重向量是单位向量，令拉格朗日函数对 W 的导数等于 0，可得到最大 $\mathrm{var}(X)$：

$$\frac{\partial L}{\partial W} = 0 \tag{3-24}$$

$$\mathrm{cov}(X)W - \lambda W = (\mathrm{cov}(X) - \lambda I)W = 0 \tag{3-25}$$

其中，W 为 $\mathrm{cov}(X)$ 的特征向量；λ 为 $\mathrm{cov}(X)$ 的特征值。利用第 i 个主成分的特征值与总特征值的比值可得到被解释方差比，这个比表示主成分代表整个数据集的程度。

PCA 的优点主要有以下几点：

(1) 不受数据集以外因素的影响；

(2) 各主成分之间正交，可消除原始数据成分间相互影响的因素；

(3) 计算方法简单，主要运算是特征值分解，易于实现。

PCA 的缺点主要有以下几点：

(1) 主成分各个特征维度的含义具有一定的模糊性，不如原始样本特征的解释性强；

(2) 方差小的非主成分也可能含有对样本差异的重要信息，降维丢弃可能对后续数据处理造成影响。

3.3.2 经验模态分解

希尔伯特-黄变换是最近在信号处理中广泛使用的一种方法[105-107]，它是一种

时频分析技术，被认为是非线性和非平稳时间序列分析的有效工具。该技术对信号进行时间自适应分解，代表性算法为经验模态分解(empirical mode decomposition，EMD)。经验模态分解将非线性和非平稳信号分解为近似平稳(即窄带)时间序列，表示信号的时间尺度，称为本征模态函数(intrinsic mode function，IMF)。本征模态函数是一种完整、自适应和正交的表达式，由原始信号而不是预定义的初始基函数决定。在经验模态分解之后，通过计算本征模态函数的希尔伯特变换来完成希尔伯特-黄变换。如果每个本征模态函数被认为是一个频率和幅度都调制的准正弦信号，那么希尔伯特-黄变换寻求量化这些信号的瞬时频率和瞬时幅度。

经验模态分解相对于其他分解技术的优势在于，它是一种非参数数据驱动方法，可以用于非线性和非平稳数据的分析，能自适应地将数据分解成有限数量的本征模态函数。这些以数据为基础和从数据中导出的本征模态函数可以作为扩展的基础，这些数据可以是线性的或非线性的。用经验模态分解得到的本征模态函数最重要的特点是它能代表信号的局部特征，并且是自适应获得的。本征模态函数是基于信号的局部特征，因此参考信号的瞬时频率含量是合理的。每个本征模态函数通常包含数据中固有的不同(狭窄)频率范围的振荡模式。

目前，经验模态分解已经被广泛应用于许多领域，如故障诊断、表面工程、地震、医学、面部情感和语音识别、经济等领域[108-111]。

经验模态分解的计算流程如下：首先找到原始信号 $X(t)$ 的最大值、最小值点，然后用曲线插值法对不同的最值点进行拟合，最后计算出这个频带的上包络线 $X_{\max}(t)$、下包络线 $X_{\min}(t)$。

对上下包络线求平均值：

$$m_1(t) = \frac{X_{\max}(t) + X_{\min}(t)}{2} \tag{3-26}$$

通过从平均包络 $m_1(t)$ 中减去原始信号 $X(t)$，可以获得剩余信号 $d_1(t)$。通常，针对平稳信号，它是原始信号 $X(t)$ 的第一本征模态函数。针对非平稳信号，信号在某一区域不是单调增加的，而是有一个拐点。若没有选择这些能够反映原始信号 $X(t)$ 特定特征的拐点，则获得的第一本征模态函数不够精确。因此，有必要继续筛查，通常获得的 $d_1(t)$ 不符合本征模态函数的两个条件。

处理剩余信号 $d_1(t)$，得到 SD(筛分门限值，一般取 0.2～0.3)小于门限值时才会中止，这样计算可以获得最好的第一阶模态分量 $c_1(t)$，即第一个本征模态函数。SD 求法如下：

$$SD = \sum_{t=0}^{T} \left[\frac{|d_{k-1}(t) - d_k(t)|^2}{d_{k-1}^2(t)} \right] \tag{3-27}$$

计算原始信号 $X(t)$ 和 $c_1(t)$ 之间的差值以获得一阶残差 $r_1(t)$, 并用 $r_1(t)$ 替换 $X(t)$ 之后处理。反复 n 次试验后, 获得最后符合标准的第 n 个模态分量 $c_n(t)$ 和剩余 $r_n(t)$ 。由经验模态分解的 $X(t)$ 方程如下:

$$X(t) = \sum_{i=1}^{n} c_i(t) + r_i(t) \qquad (3-28)$$

经验模态分解的优点主要有以下几点:

(1)具有数据驱动的适应性, 对探讨非线性和非平稳信号效果很好, 不受海森堡测不准原理的限制;

(2)与传统的时频分析技术相比, 经验模态分解不需要选择基函数, 其分解效果以信号本身的极值点分布为基础。

经验模态分解的缺点主要是算法本身缺乏完善可靠的理论基础, 实际计算和应用中存在模态混叠、端点效应和筛选迭代停止标准等。

3.3.3　小波变换

小波变换(wavelet transform, WT)继承并发展了短时傅里叶变换定位的思想, 并且还克服了窗口长度不会随着频率改变而改变的缺点。它可以提供一种随频率变化而变化的时间窗口, 是处理和分析频率-时间信号的理想工具[112]。

傅里叶变换不能解决的问题随着小波变换的诞生而得到解决, 小波变换不仅保留了 Gabor 变换的位置思想, 而且还带有窗口形状能够改变的特点。所以, 小波变换可以非常好地处理随时间变化的不稳定信号。小波变换的计算流程如下。

设 $\phi(t)$ 为平方可积函数, 即 $\phi(t) \in L^2(\mathbf{R})$, 当 $\omega = 0$ 时, 它的傅里叶变换形式为 $\phi(t) = 0$, 此时 $\int_{-\infty}^{\infty} \phi(t) = 0$, 式中 $\phi(t)$ 称为基本小波或母小波。通过对 $\phi(t)$ 的拉伸和变换, 可以得到如下结果:

$$\phi_{a,b}(t) = \frac{1}{\sqrt{|a|}} \phi\left(\frac{t-b}{a}\right), \quad a,b \in \mathbf{R}, a \neq 0 \qquad (3-29)$$

其中, $\phi_{a,b}(t)$ 称为小波函数, a 为函数的尺度, b 为小波函数在时间维度的平移位置。a 影响带通滤波器的带宽与小波变换滤波器的中心频率。

a 影响带通滤波器带宽的过程公式如下:

$$\omega_0 = \frac{\int_{-\infty}^{\infty} \omega |\varphi(\omega)|^2 \, \mathrm{d}\omega}{\int_{-\infty}^{\infty} |\varphi(\omega)|^2 \, \mathrm{d}\omega} \qquad (3-30)$$

$$\Delta\omega_\varphi = \sqrt{\frac{\int_{-\infty}^{\infty}(\omega-\omega_0)^2 |\varphi(\omega)|^2 \mathrm{d}\omega}{\int_{-\infty}^{\infty}|\varphi(\omega)|^2 \mathrm{d}\omega}} \tag{3-31}$$

当 a 减小时，中心频率增加，频带变窄，适用于高频信号的分析。所以，伴随 a 的减小，频率分辨率增加，时间分辨率降低。相反，中心频率随着频率的增大而减小，使得窄频率带变宽，适合分析低频信号。因此，随着频率的降低，小波函数的频率分辨率减小，时间分辨率增大。通过改变尺度因子 a，小波函数能够适用于非平稳信号的高频、低频部分，具有聚焦特性。

3.3.4 稀疏自编码器

稀疏自编码器(sparse auto-encoder，SAE)的目标是降低维度，但当隐藏节点数目大于入口节点数目时，编码器将失去样本特征的机器学习能力。由于良好的高维间隙，稀疏自编码器对一些隐藏节点提出了一些限制。稀疏自编码器是在传统自动编码器的基础上开发的，通过抑制隐藏层神经元的大部分输出，使网络实现了稀疏效应。

简单的自编码是一种三层神经网络模型，包括输入层、隐藏层、输出层，并且它是一种无监督学习模型。在有监督的神经网络中，每个训练样本是 (x,y)，y 一般是人工标注的数据。编码是一种非监督学习方式。训练数据一开始没有标记，所以自动编码是这样工作的：它将每一种样本的标签设置为 $y=x$，即每个样本的数据标签 x 也是 x。自动编码相当于生成标签，标签就是样本数据本身。对于没有带类别标签的数据，人为增加标签成本高且容易陷入主观判断，所以通过机器学习从标签样本中学习挖掘特征是一个有效途径。通过对隐藏层设置条件，依然能够让其从复杂的信号中学习到最好的特征表达，并能对高维样本进行有效降维。所以，能够完成如上任务的条件限制就是对隐藏层进行稀疏处理。

假设给出一个神经网络，可以通过假设其输出与输入兼容，形成和调整其参数来获得每一层的权重，得到了输入的几种不同表示(每一层代表一个表示)，它们便是特征。稀疏自编码器是一种神经网络，可以复制尽可能多的输入信号。为了做到这一点，稀疏自编码器一定要跟踪可能代表输入数据的最重要的因素，如 PCA，以找到可能代表原始数据信息的关键元素。

当然，若再加上一些约束条件，便可以得到新的深度学习方法，例如，在自编码器上添加一个 L1 的 Regularity 限制(L1 主要是约束隐藏层中节点的大多数不等于零，仅极少数等于零)，就能够得到稀疏自编码器。

隐藏层稀疏的原因是：如果隐藏神经元的数量很大(可能超过输入数据)，那么只有间隙才能获得输入的压缩表示。此外，假设给隐藏的神经元添加一个模糊的边界，即使有很多隐藏的神经元，自编码网络仍然可以从输入数据中找到映射结构，即通过编码识别输入层和隐藏层的特点，通过解码数据提取出隐藏层与输出层的特征。当输入神经元的数量比输出神经元的数量多时，稀疏自编码器能够达到数据压缩的效果，从而减小数据的尺寸。

神经元具有稀疏的机制，其激活函数为 S 形函数，取值范围为 $(0,1)$，可表示为

$$D_{i+1} = \sigma(D_i) = \frac{1}{1+\exp(D_i)} \tag{3-32}$$

其中，D_i、D_{i+1} 为第 i 输入层与第 $i+1$ 输出层。

设第一层隐藏层的输入是 $X=\{x_1, x_2, \cdots, x_i, \cdots, x_{N-1}, x_N\}$，$X \in R(m)$，其中 N 为数据集的总数，m 为数据集的维数。E_i 和 D_i 分别为隐藏层的编码和解码权重，b_1 和 b_2 分别为编码和解码的偏移值。编码网络通过一系列激活函数对输入层 X 进行编码，得到隐式向量 h，解码网络对向量 h 进行解码，得到输出向量 a，描述如下：

$$h = \sigma(E_i X + b_1) \tag{3-33}$$

$$a = \sigma(D_i h + b_2) \tag{3-34}$$

设 $h_j(x^i)$ 为隐藏层第 j 个神经元的输出，其中 x^i 为第 i 个样本的输入。第 j 隐藏层神经元的平均活动表示为

$$\hat{\rho}_j = \frac{1}{m} \sum_{i=1}^{m} h_j(x^i) \tag{3-35}$$

所提到的稀疏性极限能够理解为使隐藏层神经元的激活程度极小，可以表示为 $\hat{j} = \rho$。这里，ρ 是一个接近于零的稀疏性参数，这意味着平均活性值接近于 ρ 的激活值。稀疏编码约束了隐藏层在网络中的输出，隐藏层的大部分节点处于非活动状态。所以，稀疏自编码器的损耗目标方程可以表达为

$$J(W,b) = \frac{1}{N} \sum_{i=1}^{N} \left(\frac{1}{2} \|a_i - x_i\|^2 \right) + \frac{\lambda}{2} \sum_{l=1}^{n} (E_l^2 + D_l^2) + \beta \sum_{j=1}^{s} KL(\hat{\rho}_j \| \rho) \tag{3-36}$$

其中，λ 为正则化因子；β 为控制稀缺性的惩罚因子权重。损耗目标函数由平方误差元素、正则化元素和惩罚元素构成，限制了神经网络的稀缺性。若 j 和 ρ 之间有明显的差别，则能够用它们的相对熵表达，可以表示为

$$KL(\hat{\rho}_j \| \rho) = \rho \lg \frac{\rho}{\hat{\rho}_j} + (1 - \rho) \lg \frac{1 - \rho}{1 - \hat{\rho}_j} \tag{3-37}$$

稀疏自编码器仅仅让隐藏层中的少部分节点激活，限制了隐藏节点的特点均匀化，改善了鲁棒性。除了上述描述，其无监督稀疏编码过程也保证了高维输出和低维输入之间的统一性。

3.4　电磁型油液磨粒监测装置设计

在线油路屑末检测所采用的传感器为一种电感式屑末传感器（油液磨粒监测装置），该类传感器基于滑油油路中的铁磁性或抗磁性屑末与电感线圈之间的电磁感应原理设计，最主要的部件即电感线圈，在电感线圈上通入电流，线圈内部和周围即会产生磁场，当被测铁磁性或抗磁性屑末通过电感线圈时，就会造成内部磁场扰动，进而改变电感线圈的磁通量，导致电感线圈的电感量发生变化，电感量变化将会产生感生电动势，此感生电动势即所需的屑末信号。

3.4.1　设计原理

1. 传感器

磨粒测量模块的工作原理如图 3-3 所示[113]，电感线圈包括磁场线圈（传感器两侧，又称激励线圈）和感应线圈（传感器中间），其中感应线圈的输出为电压信号。根据电磁感应原理，磁场线圈在感应线圈中心会产生等大且反向的磁感应强度，通过分析磁感应变化来判断被监测油品是否有磨粒。具体过程为，当螺线管内无金属磨粒通过时，输出感应电动势为零（理论值，一般会有微弱波动，但会在零值上下波动）；当有金属磨粒通过时，感应线圈中心磁感应平衡被破坏，表现为电

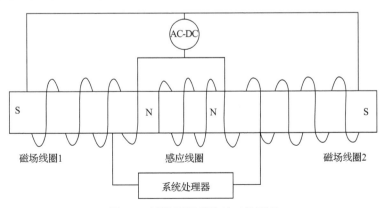

图 3-3　磨粒测量模块的工作原理

压值发生变化，由此过程可实现监测金属磨粒。另外，通过监测采集到的电压变化（幅值、波形等），可以对铁磁性或非铁磁性材料进行识别，也可以识别磨粒的尺寸。

磨粒测量模块的结构原理如图 3-4 所示。

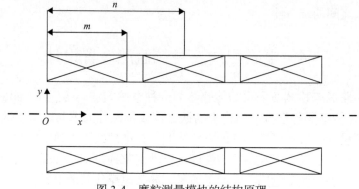

图 3-4　磨粒测量模块的结构原理

图 3-4 中，m 为初级线圈的长度，n 为初级线圈到次级线圈中心处的长度，以螺线管端部中心轴线点为坐标轴原点，螺线管轴线方向为 x 轴，径向为 y 轴。设螺线管管径为 r，初级线圈匝数为 N_1，内径为 R_1，外径为 R_2，金属磨粒为与螺线管同样的圆柱体，底面半径为 r_c，圆柱长度为 l_c，相对磁导率为 μ_m，颗粒流经螺线管的速度为 v，流经初级线圈的时间为 t。

根据传感器设计原理，将上述参数代入电感方程，则螺线管内无金属颗粒时的电感为

$$L_0 = \frac{\phi_0}{I} = \frac{N_1 B \pi r^2}{md}\Big[1 + m^2 - (R_1 + R_2)^2\Big] \tag{3-38}$$

其中，d 为磁芯的磁路长度。

当螺线管内有金属颗粒时，电感变为

$$L_c = \frac{\mu_0 \mu_m N_1^2}{m^2 d}\Big(\sqrt{r_c^2 + l_c^2} - r\Big), \quad \forall \pi r_c^2 \tag{3-39}$$

其中，μ_0 为真空磁导率。

根据毕奥-萨伐尔定理，有

$$E = -\frac{\mathrm{d}\phi}{\mathrm{d}t} = -\frac{\mathrm{d}(\Delta B S)}{\mathrm{d}t} = -\frac{3\pi r^4 u_0 \Delta I N_1 r_c v (n - vt)}{m\Big[r^2 + (n - vt)^2\Big]^{5/2}} \tag{3-40}$$

即

$$E = -\frac{3.708\pi r^4 \mu_0 \mu_m N_1 r_c^3 v(n-vt)}{\left\{2r^2\left[1+m^2-(R_1+R_2)^2+1.236\mu_m r_c^2\right]\middle/d\right\}m\left[r^2+(n-vt)^2\right]^{5/2}} \tag{3-41}$$

通过检测接收线圈的感应电动势，便可推算出流经管道的金属磨粒大小；根据感应电势的相位区别，可区分金属磨粒的铁磁性和非铁磁性属性。

2. 电路原理

传感器电路系统主要由驱动电路和调理电路两部分组成，驱动电路产生激励线圈所需的正弦电流；调理电路对感应线圈输出的电压信号进行放大、解调、滤波等处理，得到有效的颗粒电压信号，再经模数转换，由单片机完成采集，最终通过 422 接口实现颗粒数据的上传。整个信号处理系统框图如图 3-5 所示[114]。

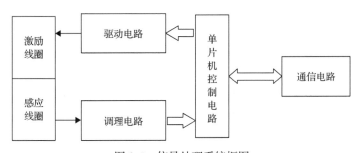

图 3-5　信号处理系统框图

传感器电路系统主要部分为信号调理电路，是完成颗粒信号有效获取的关键所在，主要包括前置放大器、调相器、差分放大器、解调器、带通滤波器、低通滤波器、分级放大器、控制器和通信控制器与驱动器等。

3. 数据分析原理

油液中磨粒测量技术的关键是从监测到的传感信号中提取出磨粒特征信息。将磨粒传感器安装在回油线路上，作为油液的流动通道，当金属颗粒通过时将会产生类似脉冲的非平稳信号，通过提取磨粒的时间分布和大小分布，可以评价系统的健康状态。

根据系统服役过程磨粒产生的"浴盆曲线"[115]（图 3-6），在装备服役的初始阶段，滑油中将会出现一般小于 20μm 的磨粒，且磨粒的生成数量将会从多变少。在动力传动系统服役的稳定阶段，滑油中磨粒的产生数量将会呈现"浴盆"底部的特征。当服役性能进一步退化时，滑油中磨粒将会出现个体和累积双双增长的趋势。

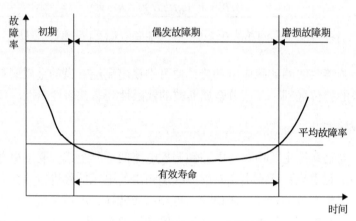

图 3-6　系统服役过程"浴盆曲线"

3.4.2　传感器硬件系统

1. 检测性能

测量范围：铁磁性屑末检测识别能力（钢球），0.125mm（最小通径 ϕ32mm）；非铁磁性磨粒识别能力：0.450mm（最小通径 ϕ32mm）。

测量分辨率：定量区分 100μm。

测量精度：检出率不低于 80%。

2. 传感调理系统

传感调理系统主要用于对传感器输出信号进行放大、滤波等处理，并实现与计算机软件的通信。传感器信号处理系统主要由信号调理电路组成，磨粒测量部分主要包括激励信号源、前置放大器、调相器、差分放大器、解调器、带通滤波器、低通滤波器、分级放大器等。图 3-7 展示了信号调理部分系统框图。

1) 主控单元

整个信号处理系统的核心单元是 LPC17XX 微控制器，是 NXP 公司推出的基于 ARM Cortex-M3 内核的微控制器，主要用于处理要求高度集成和低功耗的嵌入式应用。

2) 通信模块设计

通信模块采用 RS485 串口通信，电路采用 RMS485 光电隔离芯片。RS485 采用差分信号逻辑，+2V～+6V 表示"1"，–6V～–2V 表示"0"。RS485 在设备与设

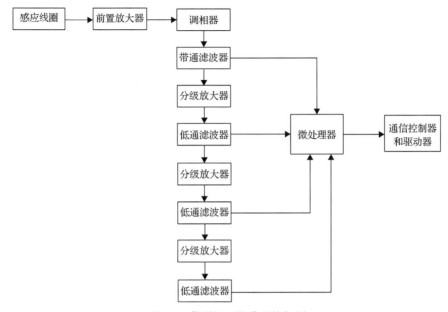

图 3-7　信号调理部分系统框图

备之间连接需采用屏蔽双绞线，手拉手串接方式为最佳。

3) 电容式传感器测量电路设计

本传感器采用的是电容数字转换器(capacitance digital conversion, CDC)，用于实现对微小颗粒引起的微小电容值的精准测量，AD7745 是一款具备有 $\sum$-$\triangle$ 型 ADC(模数转换器)高分辨率特点的 CDC，结构原理如图 3-8 所示。

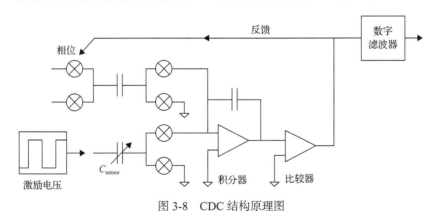

图 3-8　CDC 结构原理图

4) 输出信号放大电路

传感器输出是微弱的电压信号，因此首先需要前置放大电路对微弱信号进行预处理，但是要求放大电路必须低噪声、低失真。INA128 为高精度通用仪表放大器，因其芯片体积小、功耗低等特点被广泛应用，内部采用三运算法放大器差分电路结构，具有强共模抑制能力，同时兼具很高的输入阻抗，内部结构如图 3-9 所示。

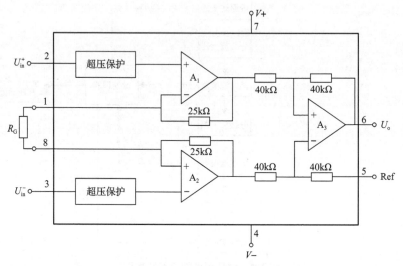

图 3-9　INA128 内部结构图

INA128 通过激光校正技术，内部电路结构对称性强，因此具有非常低的偏置电压、偏置电流和极高的共模抑制比，有效地抑制了由于温度变化而引入的共模干扰[116]。INA128 供电电源为 ±2.25V 时，其静态电流仅为 700μA，功耗很低，同时其通过外部单电阻阻值调节可以实现范围为 1~10000 的增益选择。INA128 在多数应用中噪声很低，增益 $G \geqslant 100$ 时，在 0.1~10Hz 频率范围内，低频噪声大约为 0.2Vpp（伏特峰值）。

基于 INA128 的放大电路设计十分简单，其外围电路只需连接一个电阻 R_G。控制放大增益，其放大增益的公式为

$$G = 1 + \frac{50\text{k}\Omega}{R_G} \tag{3-42}$$

根据式 (3-42)，通过需要的增益数值可计算出外接电阻 R_G 的阻值大小。Ref 引脚为参考电压接地端，该端口必须具有低阻抗的接线来保证良好的共模抑制能力，通常用一个 8Ω 的电阻和 Ref 引脚串联，使元件降低至大约 80dB 共模抑制比，电路原理如图 3-10 所示。

5）精密整流电路

OPA228 是高精度低噪声运算放大器，其失调电压很低，整流输出信号也不会出现交越失真，因此适用于精密整流电路中，电路原理如图 3-11 所示。

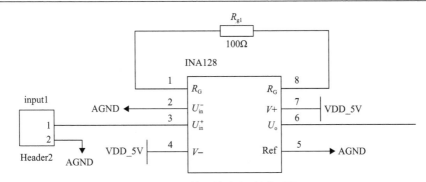

图 3-10　前置放大电路原理图

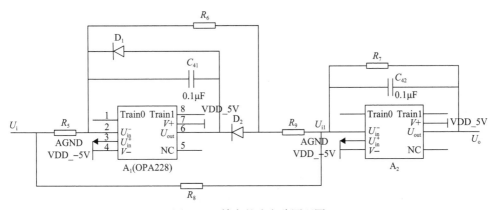

图 3-11　精密整流电路原理图

当输入信号 U_i 处于正半周期时，二极管 D_1 处于截止状态，D_2 处于导通状态。此时，运放 A_1 对输入信号 U_i 反相放大，R_5 为输入电阻，R_6 为反馈电阻，则输出电压 U_o 为

$$U_o = -\frac{R_6}{R_5} \times U_i \tag{3-43}$$

输入信号 U_i 和信号 U_{i1} 同时输入运放 A_2 的反相端，因此运放 A_2 为反相加法器。分别将电压 U_i 和 U_{i1} 在运放 A_2 作用下的输出电压相加，可得输出电压 U_o 为

$$U_o = \left(\frac{U_i}{R_5} \times R_6 \times \frac{R_7}{R_9} - \frac{R_7}{R_8} \right) \times U_i \tag{3-44}$$

当输入信号 U_i 处于负半周期时，二极管 D_1 处于导通状态，D_2 处于截止状态。此时，运放 A_1 输出端没有接入运放 A_2 的输入端，此时 A_2 作为反相加法器，R_6 + R_9 为输入电阻，输入信号为 U_i，输出电压 U_o 为

$$U_o = -\frac{R_7}{R_8} \times U_i \qquad\qquad (3\text{-}45)$$

取 $R_5=R_6=R_8=R_9=R_G$，$R_7=1/2R_G$，可得当输入电压处于正、负半周期时，U_o 都为 $1/2|U_i|$。此电路可实现对传感器微弱信号的全波整流。

6) 低通滤波电路

信号调理电路采用传统的一阶低通滤波器滤除整流电路输出信号中的高频噪声，保留低频成分，得到所需的调制信号，同时滤免了滤波电路的复频率特性影响，可表示为

$$G(\omega) = \frac{\dfrac{R_{20}}{R_{20}+R_{19}}}{\mathrm{j}\omega(R_{20}//R_{19})C_{44}+1} \qquad\qquad (3\text{-}46)$$

由式(3-46)可知低频段增益为

$$G = \frac{R_{20}}{R_{20}+R_{19}} \qquad\qquad (3\text{-}47)$$

低通滤波器的截止频率为

$$f_c = \frac{1}{2\pi(R_{20}//R_{19})C_{44}} \qquad\qquad (3\text{-}48)$$

根据载波频率等先验信息选取合适的电阻、电容，从而使得滤波电路能够提取出整流电路输出信号的外包络，即从载波信号中解调出幅值变化信号。图 3-12 为低通滤波电路示意图。

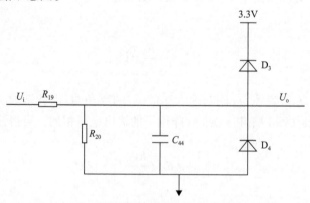

图 3-12　低通滤波电路

根据以上介绍，将整个电路设计汇总连接，如图 3-13 所示。

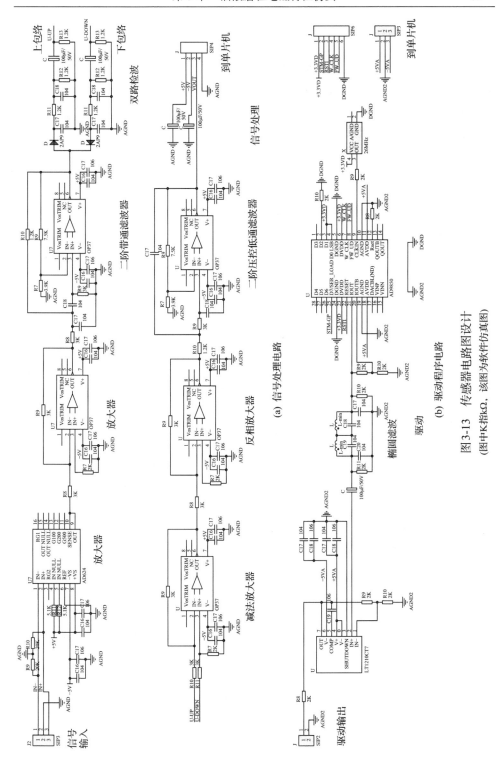

图 3-13　传感器电路图设计
（图中 K 指 kΩ，该图为软件仿真图）

3.4.3　传感器软件系统

通过在动力传动系统的滑油回油管路上安装油液传感器，实时采集油液的磨粒信息，建立动力传动系统的故障诊断模型。

首先对动力传动系统的健康状态进行实时诊断。根据磨粒生成的"浴盆曲线"，采用两种方法诊断系统的故障：一是人工设定阈值，通过机理分析，一旦超过阈值则可认为系统故障；二是统计异常识别，采用时频系统中的 3 倍均值误差的边界，确定系统的异常状态。

其次是对动力传动系统的健康状态进行离线诊断。在实时诊断的基础上，结合航空器油液信息的历史数据，采用大数据信息融合来诊断系统的故障，主要过程包括数据预处理、特征识别、故障建模三个阶段。

系统管理模块主要包括系统参数设置和系统用户管理两个子模块，具体功能描述如下：

(1)系统参数设置。该模块主要对系统参数进行初始化设置，使用者为系统管理员，可以根据实际情况进行灵活设置。该模块拟采用基于控制器局域网络 (controller area network, CAN)总线的串行通信协议，主要针对通信协议要求，由系统管理员对参数进行基本配置。

(2)系统用户管理。该模块主要使用者包括系统管理员、维修人员、操作人员等角色，主要功能包括用户角色管理和用户账号管理。

1. 油液磨粒状态数据采集模块设计

该系统中，通过油中磨粒传感器对滑油回路中金属颗粒进行在线监测。油液中的磨粒状态数据采集实质上采集的是磨粒传感器输出的正弦信号。

该模块主要实现如下功能：对数据采集参数如波特率、采样时间、采样通道进行配置；对采集的数据进行可视化；数据的存储、删除、下载。

软件操作流程如图 3-14 所示。

2. 油液磨粒状态数据分析模块设计

该模块的主要功能是对磨粒传感器检测的信号进行预处理，然后通过信号处理技术提取磨粒信号特征，进而分析出磨粒的数量与大小，最后结合专家系统，对装备健康状态进行诊断。

1)数据预处理

磨粒传感器输出的是调制的正弦信号，包含模拟电路、数据获取装置及其他环境因子引起的随机噪声，通常表现出低值、零均值和宽频的特性。数据预处理的主要功能是去除噪声，提取出比较纯净的颗粒信号。

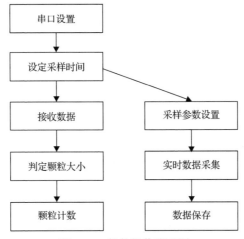

图 3-14　软件操作流程图

2) 金属磨粒信号特征提取

支持多种信号特征提取的方法，如传统阈值法、小波峭度结合法、经验模态分解法等，对不同特征提取方法可以进行参数配置。通过不同算法，进行时频空间转化，提取出特征显著的磨粒信号。

本节重点研究小波阈值去噪方法，增强了输出信号的信噪比，提高了传感器对微小金属磨粒的分辨能力。原始数据波形如图 3-15 所示。

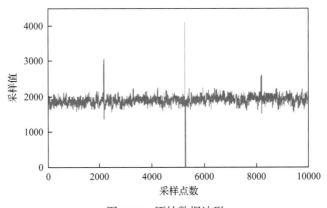

图 3-15　原始数据波形

零均值化后，数据波形如图 3-16 所示。

在进行信号处理之前，首先进行快速傅里叶变换，在频域内观察信号的特征，其中具有代表性且较为典型的频谱如图 3-17 和图 3-18 所示。

其中图 3-17 为单颗粒信号的频谱图，图 3-18 为多颗粒信号的频谱图，在所有的信号频谱图中，发现几个固定频率是一直存在的。对比两图可以得出：①多

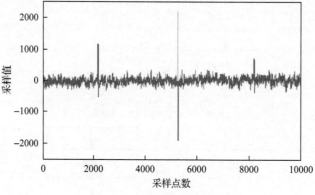

图 3-16　样本数据零均值化

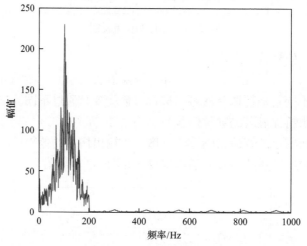

图 3-17　单颗粒信号频谱图

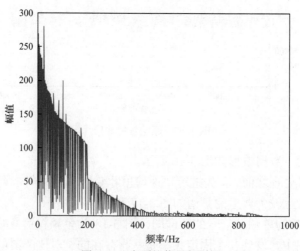

图 3-18　多颗粒信号频谱图

颗粒信号与单颗粒信号相比，噪声明显增强，这是因为多颗粒监测的环境更加贴近真实环境(不仅包含设备噪声、传感器噪声，还包括监测环境干扰噪声)。②两者频谱中始终存在一些固定不变的频率成分，这可能与电路中某些电子元器件的固有频率有关。

为了降低噪声干扰，提纯有效信号，采用低通滤波技术提升信噪比，图 3-19 为分析结果。

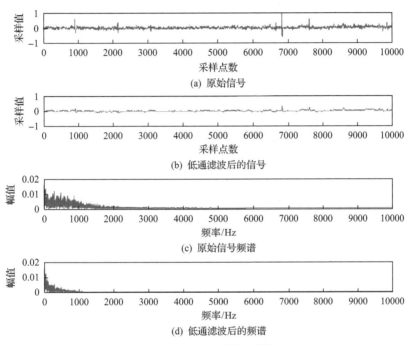

图 3-19　低通滤波时频域分析结果

经过低通滤波后，可以发现原始信号波动更加平缓，高频噪声得到了有效消除。但是新问题产生，即有用信号可能随之也被消除，表现为有些特有频率消失。所以，为了提升有效信号的提取率，后续将采用小波技术进行时频分析、特征强化与提取。

3.4.4　产品结构设计

磨粒测量部分的主要结构为螺线管，其主要作用是：当有金属磨粒通过传感器时，产生电压信号。在设计螺线管时应考虑以下设计因素。

螺线管材质：传感器是基于电磁感应原理设计的，其感应元件为铜线圈，考虑到感应线圈输出的信号本身可能十分微弱，要尽可能避免外界电磁干扰。因此，螺线管在选材时应采用非磁性材料。

螺线管结构：传感器应根据所绕铜线直径、匝数考虑绕线槽分布位置及绕线槽深度，同时也要考虑螺线管外壳与内部的固定程度。

绕线匝数：感应线圈要求在平衡状态时感应电动势为零，可以理解为电势基准，所以在设计过程中应尽可能保证螺线管线圈绕制完成之后的感应线圈宽度保持在尽量小的尺寸内。

传感器骨架：应选用相对磁导率接近 1 的磁惰性材料。

传感器屏蔽：为了减少周围环境电磁干扰对传感器的影响，应将传感器装入铁质外壳内。

考虑以上设计要求，传感器二维模型设计图和传感器(含屏蔽盒)纵向截面设计图如图 3-20 和图 3-21 所示。

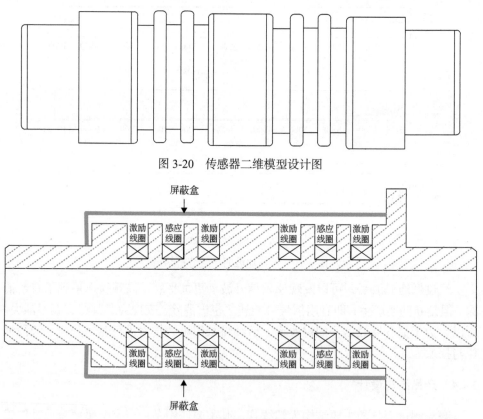

图 3-20　传感器二维模型设计图

图 3-21　传感器纵向截面设计示意图

电极是电容式传感器探头上的核心部件，不同材质的选择会直接影响传感器的灵敏度、精度等功能性指标。一般地，电极有金属电极(铝、铜、铂等)和石墨电极。综合考虑电极加工工艺、耐磨性、边缘效应等因素，选择铜作为电容式传感器的电极材料。另外，为了确保探头结构的密封性及绝缘性，必须选用具有良好绝缘性能的材料，本传感器选取增强型聚苯硫醚(PPS)作为传感器部分的绝缘材料。

　　传感器输出的原始信号需经调理、转换方可接入滑油通信接口，再传入系统处理单元进行数据的分析、处理、显示和保存等操作。系统采集盒需实现上述功能，考虑设备上具体安装、使用环境，还需采集盒具有一定的抗干扰能力、抗振性和防护等级。设计的采集盒盒身采用全金属、密闭设计，安装孔位和电路板固定孔位都充分考虑抗振性要求，采用屏蔽特性好、防护等级高的航空插头和按钮，使得采集盒具有优良的屏蔽、抗振特性，防护等级高，使用寿命长。

　　传感器及采集盒三维模型如图 3-22 和图 3-23 所示。

图 3-22　传感器三维模型　　　　　　图 3-23　采集盒三维模型

　　传感器和采集盒中电子元器件的最大结温按照 GJB/Z 35—93《元器件降额准则》进行降额；所有的部件均进行温度等级的筛选。

　　根据传感器和采集盒的输出功率、总功耗、热源分布、热敏感性、热环境等因素，确定最佳的冷却方法，选取合适的散热措施，对电源模块采用降额设计。

　　传感器和采集盒中互联导线、线缆、器材等考虑温度引起的膨胀、收缩；大电流的互联导线用高温导线和铜母排；信号互联导线用绕包线，柔韧度好，不随温度变化而产生硬化；导线的接头采用压接方式，以减小热胀冷缩对连接线的影响。

　　传感器和采集盒中发热功率器件和散热器之间涂抹导热硅脂，以有效降低器件与散热器界面的接触热阻。

　　图 3-24 为传感器(左侧)、电路板(右侧)实物图，以及线路连接情况。

图 3-24　传感器及电路板实物图

3.4.5　结构强度仿真测试

1. 壳体强度分析

按照腔内承受最大压力 0.75MPa 的要求，用 1.5 倍的腔内最大压力 1.125MPa 进行仿真，分析结果如图 3-25 所示。由分析结果可以看出，上壳体在 1.125MPa

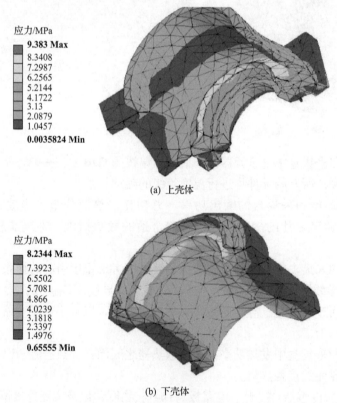

应力/MPa
9.383 Max
8.3408
7.2987
6.2565
5.2144
4.1722
3.13
2.0879
1.0457
0.0035824 Min

(a) 上壳体

应力/MPa
8.2344 Max
7.3923
6.5502
5.7081
4.866
4.0239
3.1818
2.3397
1.4976
0.65555 Min

(b) 下壳体

图 3-25　上、下壳体强度仿真图

油压作用下最大应力为 9.383MPa，下壳体在 1.125MPa 油压作用下最大应力为 8.2344MPa，远远小于钛合金的拉伸强度 895MPa，满足使用要求。

2. 骨架分析

与壳体分析相同，腔内最大压力按 1.125MPa 进行仿真，分析结果如图 3-26 所示。骨架在 1.125MPa 油压作用下最大应力为 6.7299MPa，远远小于增强型聚苯硫醚的拉伸强度 89.635MPa，满足使用要求。

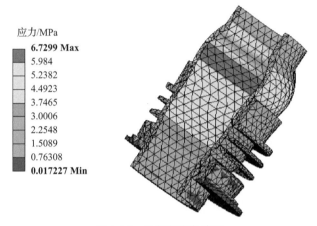

图 3-26　骨架强度仿真图

3. 抗振动、冲击分析

图 3-27 是通过仿真计算得出的传感器的固有频率，一阶模态频率为 3343.4Hz。经仿真分析，控制器的一阶模态频率为 2100Hz。一阶模态频率不同，避免了共振。

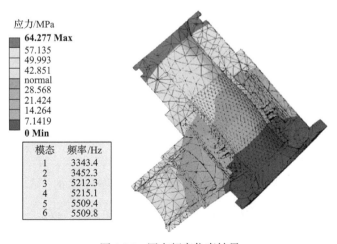

图 3-27　固有频率仿真结果

3.4.6 仿真验证

利用 MATLAB 对其进行数值仿真，首先磨粒流经传感器输出的感应电动势如图 3-28 所示，当铁磁性颗粒流经初级螺线管时，次级线圈输出正值；当流经另一段初级螺线管时，次级线圈输出负值。

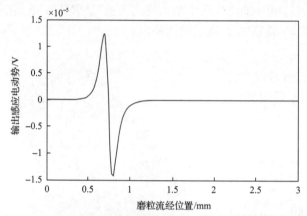

图 3-28　磨粒流经传感器输出感应电动势

传感器输出感应电动势与磨粒等效直径的关系如图 3-29 所示，随着磨粒等效直径的增加，传感器输出的感应电动势呈非线性增长的趋势。这一试验的前提是其他传感监测参数一致。对此曲线进行拟合，最佳拟合关系为输出信号与磨粒等效直径呈三次方关系。

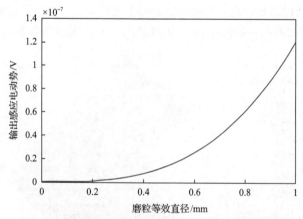

图 3-29　传感器输出感应电动势与磨粒等效直径的关系

图 3-30 给出了输出感应电动势与相对磁导率的关系，大致呈线性关系。图 3-31 给出了输出感应电动势与初级线圈匝数的关系，在螺线管结构尺寸和铜线直径确定且不变的情况下，随着螺线管匝数的增加，输出感应电动势呈非线性增加。但

是随着螺线管结构尺寸和铜线直径的变化，绕线匝数有一个相对确定的选择范围。如何确定铜线直径和匝数，需在实际制作过程中借助理论和经验进一步优化。

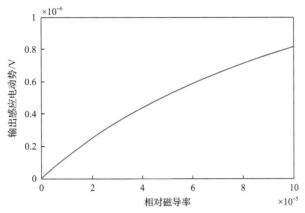

图 3-30　输出感应电动势与相对磁导率的关系

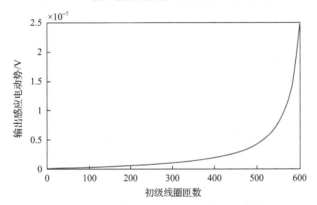

图 3-31　输出感应电动势与初级线圈匝数关系

通过测试的传感器实际输出信号如图 3-32 所示。

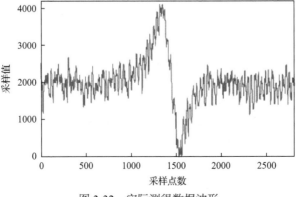

图 3-32　实际测得数据波形

由以上仿真可知，实测信号与理论模型一致，此曲线属于铁磁性颗粒流经电感线圈时输出的信号波形，传感器设计满足要求。

3.5 油液磨粒传感监测平台设计

3.5.1 设计思路

油液磨粒传感监测平台设计流程如图 3-33 所示。

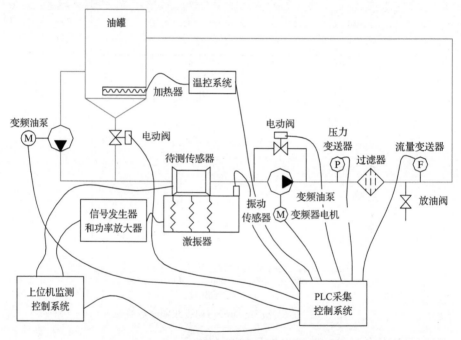

图 3-33　油液磨粒传感监测平台设计流程图

　　本方案为全功能设计方案，可以全功能实现传感器的功能测试和环境性能测试，同时全自动采集、控制、显示，避免误操作。试验台由底座、机架、车轮和工作元器件等构成，油罐采用圆锥底部设计，确保不滞留油中颗粒。油罐中安装有加热器，可以实现工作油液的恒温控制。当进行高压试验时，由进口变频油泵产生高压油液通过待测传感器。待测传感器两端采用变径接头设计，可以适应不同尺寸的要求。待测传感器安装于激振器上，激振器由信号发生器和功率放大器控制振动强度，由振动传感器测量实际的振动强度。出口油泵采用变频调节和电动阀调节的双功能设计，可以适应流量的大范围变化。基础的过滤器、放油阀，可以保证试验台的正常运行和故障维护要求。压力、流量全部采用变送器，自动实现监测和报警停机。试验台的过油部分全部采用不锈钢制作,确保油路不额外生成颗粒。油泵安装在传感器之后,确保油泵生成的颗粒不干扰传感器。传感器前的所有油箱、油管、变径接头采用平顺设计,确保加入的颗粒不在传感器之前滞留。

3.5.2　试验台工作流程

试验台工作流程简要介绍如下:

(1)试验前,在油箱中加注油液,油液通过待测传感器、两端变径接头,由变频油泵加压,通过过滤器去除油中颗粒,得到净化后的油液。同时将传感器信号连接进入计算机,对传感器进行初始化,做好试验准备。

(2)高压实验室,计算机通过可编程逻辑控制器(programmable logical controller, PLC)控制关闭入口电动阀,打开出口电动阀,关闭出口油泵,启动入口油泵,按照预设的压力测试被测传感器的性能。

(3)其他性能试验时,通过试管人工勾兑含颗粒油液,打开油箱上盖,加入含颗粒油液;通过与净化油液混合,从油箱底部经过油管、变径接头进入传感器;传感器测得的颗粒信息由计算机采集、显示和保存;含颗粒的油液被变频油泵和调节阀(适应不同流量和传感器内径要求)加压后,在过滤器处滤除颗粒;管路压力和流量分别由压力表和流量计上传到计算机监测异常情况;激振器的振动由振动传感器采集输入计算机。回油回到油箱中,加速下一次勾兑的含颗粒油液在油箱中的混合。

(4)维护时,试验台设置有放油阀,便于试验完毕、维护、检修时清除系统中的油液。

3.5.3　操作方法

1. 高压试验

先设定本试验需要的压力值,再单击"高压油泵按钮"即可(再次单击时停止)。

2. 颗粒监测试验

先设定本试验需要的流量值,再单击"油泵按钮"即可(再次单击时停止)。

3. 加热

根据试验需要确定是否启动加热器,若需要,则须在本试验台电控箱上的温控仪面板上设定本试验需要的温度值,再单击"加热按钮"即可(再次单击时停止)。安全起见(避免加热失控引发事故),本试验台设计有两路独立的温度控制系统，一路为本体温控仪控制，另一路为模拟量 PLC 控制。这两路温控系统同时控制储油罐中的加热器。为避免两路设置温度不一致的问题，本试验台的温度设置只能在本体温控仪上进行设置修改。PLC 中这一路只在程序中进行最高温度（150℃）限制。

4. 振动试验

本试验台的主要操作界面如图 3-34 所示。

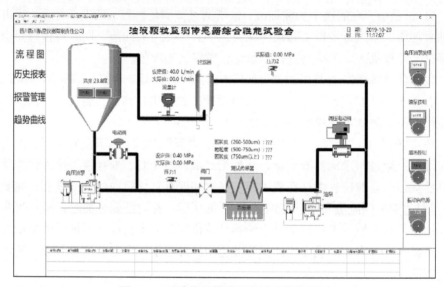

图 3-34　油液磨粒传感监测平台操作界面

3.5.4　电气控制设计及主要技术指标

本试验台电气控制设计图如图 3-35～图 3-37 所示。主要技术指标如表 3-2 所示。

3.5.5　可编程逻辑控制器逻辑控制设计

1. 主控制程序

本程序实现对试验台的所有逻辑控制，各泵、阀门、加热器等按设计流程运行。图 3-38(a)～(c)显示了主控制程序的 PLC 逻辑梯形图。

2. 恒压力控制程序

本程序实现对试验台的工作压力的设定、调整控制，以达到试验所需的压力值。图 3-39(a)和(b)显示了恒压力控制程序的逻辑梯形图。

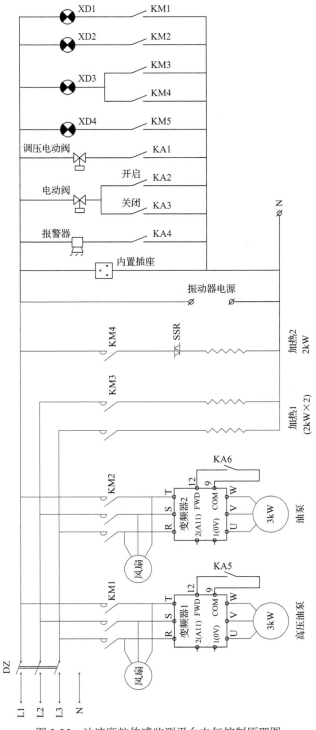

图 3-35　油液磨粒传感监测平台电气控制原理图

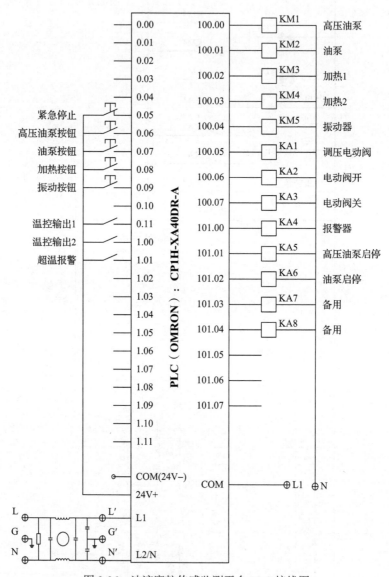

图 3-36　油液磨粒传感监测平台 PLC 接线图

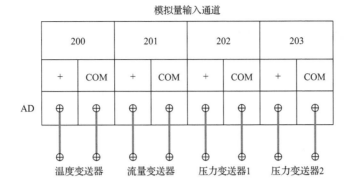

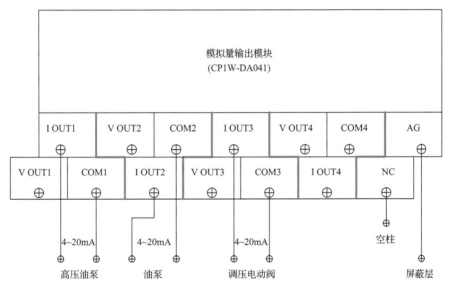

图 3-37 油液磨粒传感监测平台模拟量模块接线图

表 3-2 本试验主要技术指标

序号	项目	技术指标
1	流量	0～99L/min(可调)
2	温度	0～150℃
3	压力	0～1.0MPa
4	传感器通径	$\phi 8 \sim \phi 35$mm
5	工作电压	380V
6	电源频率	50Hz
7	总功率	10kW
8	外形尺寸	1600mm×1000mm×1520mm
9	质量	300kg

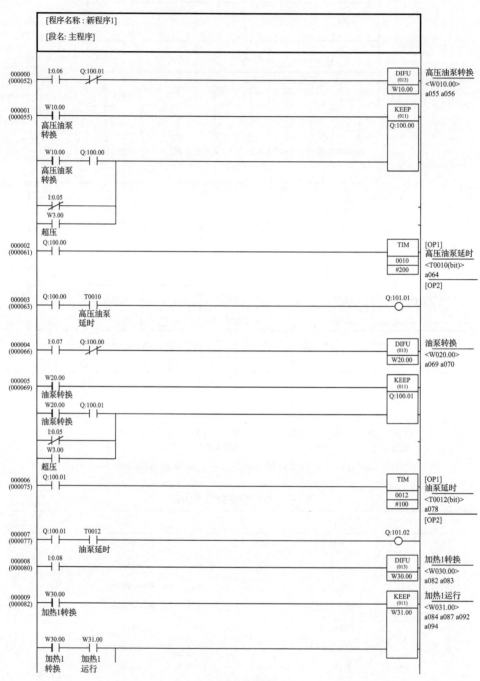

(a) 主控制程序1

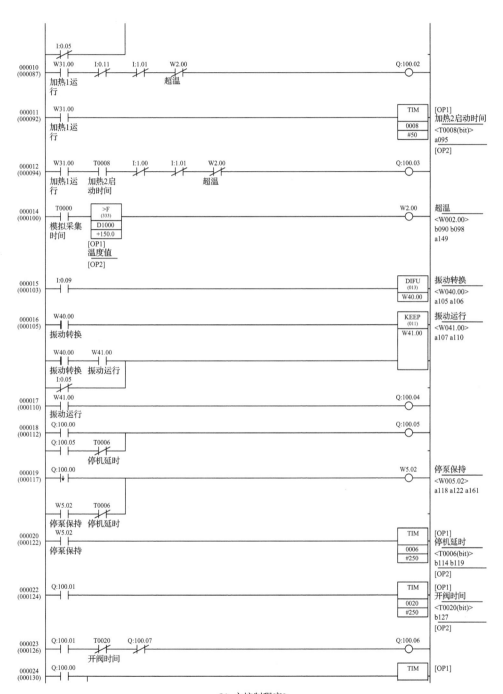

(b) 主控制程序2

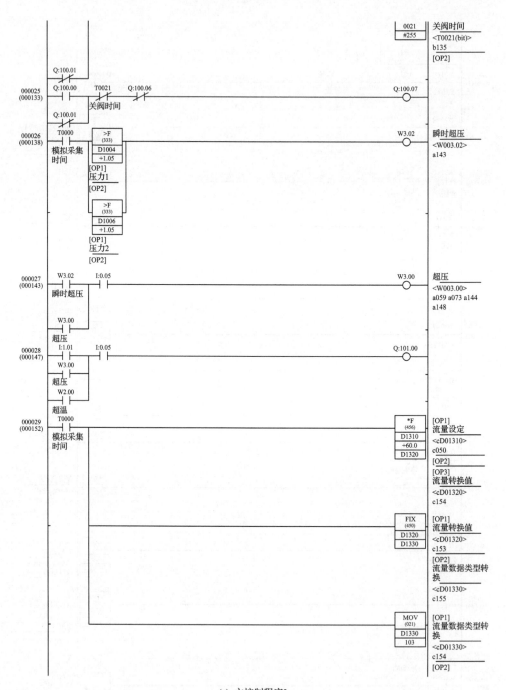

(c) 主控制程序3

图 3-38　主控制程序 PLC 逻辑梯形图

```
000000    [程序名称:新程序1]
(000018)
          [段名:恒压力控制]
          D200——设定值
          D201——P
          D201——I
          D202——D
          ------
          ************************
          W0.06——初始化PID参数
          W0.05——执行AT
          W0.07——按新参数执行PID

          ***********
          D1300——压力设定值 浮点数类型

          PID参数初始化

          W0.06                                              MOV      [OP1]
          ──┤├──                                             (021)    [OP2]
          PID参数                                             &3000    P
          初始化                                              D201

                                                             MOV      [OP1]
                                                             (021)    [OP2]
                                                             &4       I
                                                             D202

                                                             MOV      [OP1]
                                                             (021)    [OP2]
                                                             &1       D
                                                             D203

                                                             MOV      [OP1]
                                                             (021)
                                                             &5       采样周期
                                                             D204

                                                             MOV      [OP1]
                                                             (021)    [OP2]
                                                             &8
                                                             D205

                                                             MOV      [OP1]
                                                             (021)    [OP2]
                                                             #494
                                                             D206

                                                             MOV      [OP1]
                                                             (021)    [OP2]
                                                             #0       操作量限位下限
                                                             D207     值

                                                             MOV      [OP1]
                                                             (021)    [OP2]
                                                             &6000    操作量限位上限
                                                             D208     值

000001    W0.05                                              SETB     [OP1]
(000027)  ──┤├──                                             (532)    [OP2]
          PID自整                                             D209
          定                                                 &15

000002
(000029)

          T0000   W0.07                                      PIDAT    [OP1]
          ──┤├────┤/├──                                       (191)    压力1
          模拟采集  重启                                       202      <c202>
          时间                                                D200     c010
                                                             109
                                                                      [OP2]
                                                                      压力调定
                                                                      <cD00200>
                                                                      c033
```

(a) 恒压力控制程序1

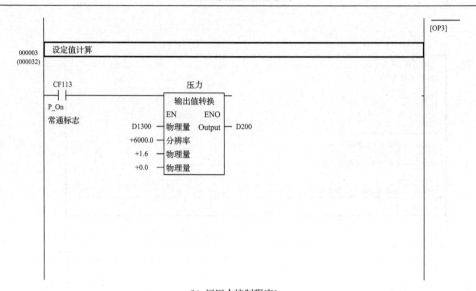

(b) 恒压力控制程序2

图 3-39　恒压力控制程序 PLC 逻辑梯形图

3.5.6　维护及注意事项

1. 注意事项

(1) 设备在投入运行前，应保证机柜可靠接地。

(2) 设备置于清洁、干燥、通风的场地，避免阳光直射，避免安装在潮湿、粉尘多以及有腐蚀性气体的场合。

(3) 在电源处于开启状态时，禁止换接产品。

(4) 连接产品时应按照设备操作方法正确进行。

2. 维护说明

(1) 每六个月对设备进行一次检查，确认装置内是否有灰尘等杂物，并予以清理。

(2) 设备出现故障时，若有下列现象发生，则用户可通过相应步骤来检查并排除。

① 开机后，完全不能正常运行。

检查事项：电源是否接好，特别是零线是否接正确，如各开关是否处于闭合位置，连接线是否有松动、脱落现象。

② 工作过程中出现报警。

检查事项：压力报警，如阀门是否打开、流量是否设置过大；温度报警，如温度仪是否工作正常、加热交流接触器或者固态继电器是否接触。

3. 振动台连接 IP 地址

本试验台长时间断电后振动台的 IP 地址有时会变，导致连接不上，按图 3-40 中的 IP 地址重新设置即可。图 3-40 为监控系统 IP 地址连接截图。

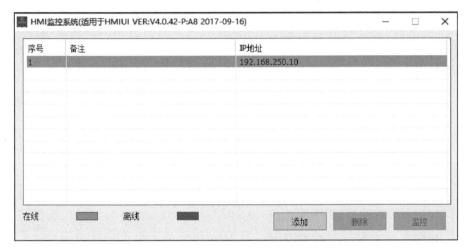

图 3-40　监控系统 IP 地址连接截图

4. 变频器参数设置

变频器出厂时已经设置完毕，如下所示。

F0.00=3　　　　频率给定（由 A11 的电流信号 4～20mA 来调节）。
F0.04=1　　　　电机运行命令通道（用外部控制端子 FWD、COM 进行启、停）。
FH.000=4　　　 电机级数（4 级）。
FH.001=3　　　 电机额定功率（3kW）。
FH.002=6.8　　 电机额定电流（6.8A）。
F1.006=0　　　 模拟输入 AI1 最小给定对应的实际量。
F1.013=2　　　 4～20mA 模拟输入。
未列出参数为变频器出厂默认值，本机未进行设置。
FP002=2 为恢复变频器出厂默认值，请勿随意修改该参数。

3.5.7　试验仿真显示

本试验仿真显示如图 3-41 所示，其中在油箱加入的是铁磁性屑末。从图中可以发现，不同的颗粒大小、颗粒数量显示的波形有差异，定性说明本平台可以按照设计目标完成仿真测试。

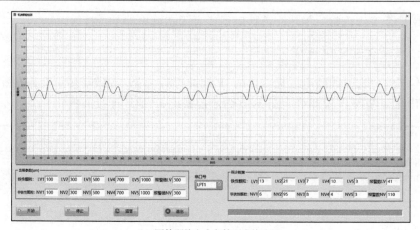

(a) 同等颗粒大小条件下磨粒监测

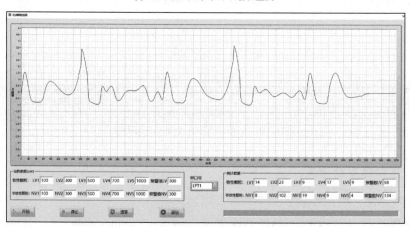

(b) 不同颗粒大小条件下磨粒监测

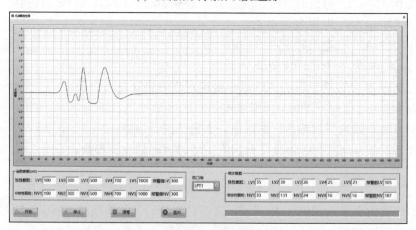

(c) 随机样品磨粒监测

图 3-41　油液磨粒传感监测平台仿真截图

第4章 飞行姿态下在线监测性能测试

燃油测量技术发展前期，主要利用油量尺、油面观察窗等工具直接观测油箱中的燃油量，涡喷、涡轴发动机如 WP6、WP7 等的燃油计算早期主要依靠油量尺，后期逐渐改为油面观察窗。油面观察窗的优点是观察直观、方便，便于地面维护人员了解燃油箱中的油量，缺点是测量精度较低，测量范围较小，而且观察窗材料是玻璃，直接影响整个燃油箱的强度，也降低了油箱抗外物损伤的能力[117]。随着航空发动机技术的发展，自动液面指示在发动机燃油监测中开始逐渐应用，现在使用较多的为油面信号器，可进行高油位、中油位、低油位告警。实时液位指示的液位传感器在燃油液位监测中得到广泛关注和研究。目前，世界先进水平的第四代战斗机大量采用航空技术领域的最新成果，在此基础上发展起来的燃油测量系统正在向综合化、智能化、高精度化的方向发展。

4.1 飞行对监测的影响

4.1.1 飞行姿态对监测的影响

飞行姿态指飞行器的三轴在空中相对于某参考线、某参考平面，或某固定的坐标系统的状态。一般地，相对于地面角度，飞行姿态能够用俯仰角(机体纵轴地面水平的夹角)、翻转角(飞机的对称面与通过机身纵轴的垂直面之间的夹角)、偏航角(实际航向与计划航向的夹角)表示。

飞机油箱燃油测量的数据来源于安装在油箱内的液位传感器，其显示值随着飞行姿态的变化呈现出差异性，即姿态误差。例如，在少油量情况下，飞行姿态的变化可能使液位传感器全部暴露于油液之外，从而使液位读数为零(图 4-1)；在多油量情况下，飞行姿态的变化可能使液位传感器全部没入油液中，从而使液位读数一直呈现出满油量状况(图 4-2)[118]。这些状况都无法使飞行员获得真实的油液运行情况，从而误导操作，造成事故。针对上述姿态误差问题，有两种解决方法：一是变化传感器的布局位置，二是增加油箱中传感器的数量。在测量燃油的系统中，维持测量精度和油量可测性的基础是传感器布局计算，其设计的根本原则是：在设计要求的姿态角范围和最小不可测油量范围内，维持最少的传感器数量和最优位置。传感器数量及传感器布局应符合合适的飞行姿态的变化要求。

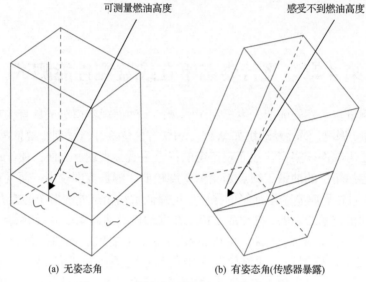

图 4-1　少油量时姿态角改变引起测量误差

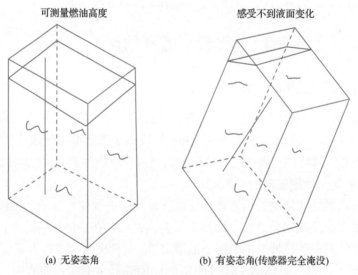

图 4-2　多油量时姿态角改变引起测量误差

在上述情况下，飞机燃油在继续消耗，但液位传感器因不同的飞行姿态出现了测量盲区，所以姿态误差是影响精确测量的显著因素。

飞机油箱内的剩余油量可分为三种，即可用油量、不可用油量、最大可用油量，其解释如表 4-1 所示。

另外，由于液位传感器测量高度范围一定且有限(液位传感器长度可以根据测试油箱的形状和尺寸进行定制)，通常将飞行姿态范围内均可测的那部分可用油

表 4-1　飞机油箱内的剩余油量类别

油量级别	含义
可用油量	飞机油箱内可以用于飞行的油量
不可用油量	为保证飞行安全，油箱燃油不能全部耗尽，油箱内必须留有安全油量
最大可用油量	为油箱满油量与不可用油量之差

量称为可测油量。在设计要求中，对可用油量和可测油量范围均有规定，如航空标准下可测油量一般为满油量的 2%～98%[119]。

4.1.2　温度对监测的影响

气象因素与飞机燃油效率存在明显的相关性。当飞机飞行高度一定时，气温降低，燃油流量和燃油消耗量减小，燃油效率升高。气温与燃油消耗量关系如图 4-3 所示。

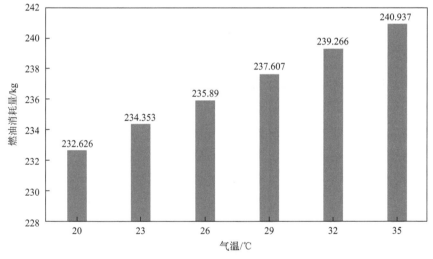

图 4-3　气温与燃油消耗量的关系

当机场场面气压和风速不变时，随着气温降低，燃油流量缓慢减小，由于飞行时间相同，燃油消耗量逐渐减小，气温和燃油消耗量符合线性递减关系[120]。

1. 起飞前地面温度对燃油温度的影响

起飞前状态：飞机油量充足，飞机暂停在停机坪，机翼油箱中燃油的温度变化如图 4-4 所示[121]。机翼内衬与外界大气进行热交换，热能在内衬内传递，然后改变油箱内燃油的温度，表面温度和湿度会直接影响对流和辐射。图 4-4 显示，飞行前油箱中的燃油温度相对接近当时的地面温度。热交换过程会改变整个飞行过程中的环境温度和燃油温度。

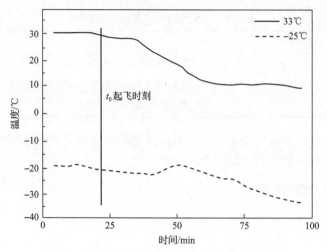

图 4-4　不同地面温度下燃油温度的变化示意图

中国民用航空规章 CCAR-25 规定，在高温天气下评估燃油系统运行时，初始燃油温度应至少为 43℃。在国家军用航空燃油系统试验标准中，对燃油系统高空试验和热负荷试验的初始温度也有相关要求。

2. 飞机运行海拔对燃油温度的控制

假定飞机油量充足，运行正常，飞机在达到 7000ft（1ft=0.3048m）和 35000ft 后，以同样的马赫数稳定地飞行。机翼油箱中的燃油温度如图 4-5 所示。在地面温度上升时以及飞机起飞过程中，由于机翼油箱中的一些燃油被消耗，油箱处于半燃油状态。在对流层中，静态大气温度随着高度的增加而下降，每 1km 高度下降约 6℃，大气总温（$T_{大气}$）、大气静温（$T_{大气静}$）和马赫数（Ma）之间的关系如下[121]：

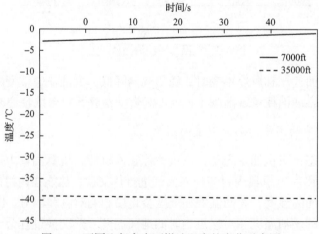

图 4-5　不同飞行高度下燃油温度的变化示意图

$$T_{大气} = T_{大气静} \times \left[1 + (k-1)/2 \times Ma^2 \right] \tag{4-1}$$

其中，k 为绝热系数(空气中为 1.4)。

3. 飞行马赫数对燃油温度的影响

原油泵一旦启动，之后就会稳定地保持在马赫数 Ma=0.7。当 Ma=1.5 时，飞机获得稳定的速度。油箱中燃油的温度可能会改变，如图 4-6 所示[121]。

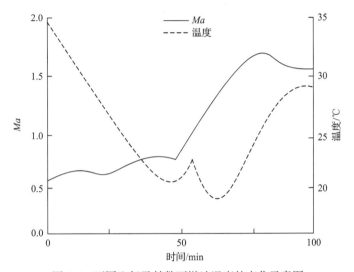

图 4-6　不同飞行马赫数下燃油温度的变化示意图

4.1.3　介电常数对监测的影响

近年来，介电常数测试技术在工业应用领域越来越广泛。例如，对于废油检测和滑油的定性信息、环境检测信息、水污染检测信息等都是通过恒定基准确定的[122,123]。

肖建伟等[124]对此进行了试验研究。具体为采用连续测量，采样时间为 76ms，共采集 100 个点，试验温度为 (22 ± 1)℃，得到如下结论。

1. 温度对油液介电常数的影响

常温下，以 25℃为起始值，加热油箱，收集并保存不同温度(30℃、35℃、40℃、45℃、50℃、55℃、60℃、65℃、70℃)下的测量数据。如图 4-7 所示，温度与电容值呈线性关系，拟合方程如下：

$$C = 3.972 + 0.024T \tag{4-2}$$

其中，T 为油液温度；C 为温度为 T 时电容式传感器所测得的油液电容值。

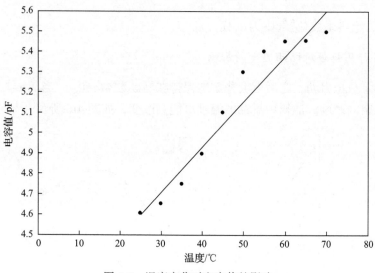

图 4-7　温度变化对电容值的影响

2. 压力对油液介电常数的影响

采用 MATLAB 对试验数据进行处理，手动打开下降阀，从 0.6MPa 开始，每隔 0.1MPa 监测一次。滑油油液压力变化对电容值的影响如图 4-8 所示，油液压力与电容值呈线性关系，拟合方程如下：

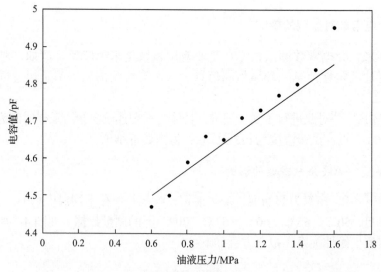

图 4-8　滑油油液压力变化对电容值的影响

$$C = 4.26 + 0.40P \tag{4-3}$$

其中，P 为油液压力；C 为压力为 P 时电容式传感器所测的油液电容值。

4.1.4　磨粒对监测的影响

在基于磨粒分析的实际故障诊断工作中，工作人员根据主要使用的滑油中磨粒的类型、形状、颜色和材料来判断设备故障。根据摩擦学理论，各种磨损形式有不同的磨损机理[125]。由于磨损机理的不同和磨损程度的影响，产生了不同形状的磨粒，最直接的反映体现在磨粒的种类、数量、粒度等的变化上；反之，这一过程实际上是磨粒监测故障诊断中确定设备磨损状态的步骤。基于上述理论，几种磨料颗粒的数量或比例随时间的变化趋势反映了相应磨损机理的变化过程，是当前设备磨损的内在原因。因此，通过对现阶段数据趋势的分析，可以有效地预测设备的未来磨损状况。

磨损机理是影响磨料颗粒生成过程中粒度、形貌、数量等特征的重要因素，是诊断磨料颗粒故障的关键。目前，学者一般将磨损分为黏着磨损、磨料磨损、疲劳磨损和腐蚀磨损[126]。不同磨粒类型形成机理及设备状态对应分析如表 4-2 所示。

根据磨料颗粒的形态和机理，将不规则铁基磨料颗粒分为擦伤、弧形切割、蠕虫状及螺旋状切削、疲劳磨损、球粒、疲劳剥块、氧化物、微观腐蚀磨粒等八类[127]，如表 4-3 所示。

表 4-2　不同磨粒类型形成机理及设备状态对照表

磨粒类型	磨损类型	磨粒特征		形成机理	设备运转状态
		尺寸特征	形貌特征		
正常滑动磨粒	黏着磨损	一般小于 5μm，厚度在 0.05～0.1μm	薄片状，表面光滑，边缘不规则	剪切混合层疲劳剥落	正常，若数目突增则预示故障发生
严重滑动磨粒		一般在 20μm 以上，个别可达到数百微米	表面有划痕及局部氧化痕迹	负载过大或转速过高造成缺油或油膜击穿，最终导致破坏	严重擦伤、润滑失效，或过载故障
切削磨粒	磨料磨损	蠕虫状切削和条形切削一般在 15～50μm；弧形切削尺寸略小，一般小于 10μm	蠕虫状、弧形和条形三种形状	相互接触表面发生内嵌，在相互运动作用下切削表面	设备表面发生破坏或外界污染物进入滑油
疲劳剥块（疲劳磨粒）	疲劳磨损	一般在 5～20μm，最大可能超过 100μm	块状磨粒，轮廓不规则，表面光滑	表面在变荷载作用下发生裂纹，随着作用加剧最终导致沿法线方向脱落	负载过高

续表

磨粒类型	磨损类型	磨粒特征		形成机理	设备运转状态
		尺寸特征	形貌特征		
层状磨粒	疲劳磨损	一般在 20～50μm	极薄，表面光滑且多孔洞	磨粒黏附在滚动元件表面，通过滚动接触形成	在滚动元件运转期间形成，但数量过高，则说明滚动部件运转状况不良
球粒		圆形状磨粒，少数破裂	直径一般在 10μm 以下	裂纹内表面剪切混合层剥落的片屑和随滑油进入裂纹内部的正常滑动磨粒在裂纹表面相对运动的揉搓作用形成	球粒的出现往往预示着严重故障的发生
氧化物	腐蚀磨损	亚微米级	有黑色和红色两种氧化物，多为晶体、粒状的堆积	滑油中有水、润滑不良及高温会分别导致红色及黑色氧化物出现	
微观腐蚀磨粒			极小片状颗粒	油液酸值的上升导致磨粒腐蚀	

表 4-3　异常磨粒、形成机理及代表性磨损情况

磨粒类型	磨损类型	磨粒形成机理	设备磨损状态
擦伤磨粒	黏着磨损	负载过大或转速过高造成缺油或油膜击穿，导致摩擦沿滑动方向发生严重磨损，最终导致摩擦面材料的迁移	严重擦伤、润滑失效，或过载故障
弧形切割磨粒	二体磨粒磨损	相互接触的两个摩擦面中，较硬的一面凸起，在力的作用下嵌入较软的一面，在相对运动过程中对较软面进行破坏	摩擦面遭到破坏的标志之一，突然增加则意味着设备产生破坏，需对工况及润滑条件进行调整
蠕虫状及螺旋状切削磨粒	三体磨粒磨损	外界硬颗粒或滑油中的磨粒进入两个摩擦面之间，在力的作用下嵌入其中一个或两个摩擦面，最终因相对运动对摩擦面造成破坏	出现时，除了需关注设备运转状态，还需要注意监测滑油是否被污染
疲劳磨损磨粒		磨粒黏附于滚动轴承表面，通过滚动接触形成	大量出现标志着裂纹的出现
球粒	疲劳磨损	裂纹内表面剪切混合层剥落的片屑和随滑油进入裂纹内部的正常滑动磨粒在裂纹表面相对运动的揉搓作用下形成	球粒的出现往往预示着严重故障的发生
疲劳剥块		表面在交变载荷作用下发生裂纹，随着作用加剧最终导致沿法线方向的脱落。对于齿轮，疲劳剥块磨粒主要是接触疲劳产生的	在摩擦副表面造成点蚀，突然增加时需要加大对设备磨损的监控，防止故障的发生

磨粒类型	磨损类型	磨粒形成机理	设备磨损状态
氧化物 微观腐蚀 磨粒	腐蚀 磨损	红色氧化物是滑油中水分升高的标志，黑色氧化物是因润滑不良或过热产生的； 滑油中的 S，燃烧后生成 SO_3 气体，冷凝后生成硫酸，使得滑油中的酸性升高、发生腐蚀	

4.2　飞行状态下性能指标变化机理

4.2.1　飞行姿态对液位的影响

通常飞机油箱的外形尺寸相对于机体坐标系给出，机体坐标系如图 4-9 所示。

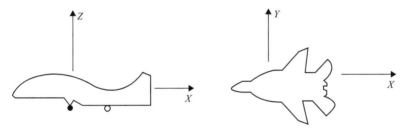

图 4-9　机体坐标系

由于传感器垂直安装在油箱中，而油面受重力影响，一直处于水平（平行于地面），因此传感器与油面之间的相对位置如图 4-10 所示，这一变化导致了姿态误差[128]。

下面以地平面系统为基准系统（$OXYZ$），姿态角为零的机身与基准系统重合，分析不同飞行姿态下参数的变化，如图 4-11 所示。

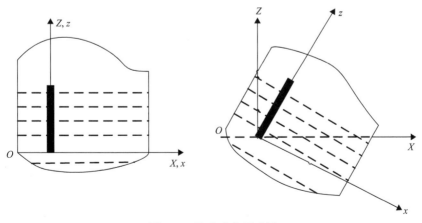

图 4-10　姿态变化示意图

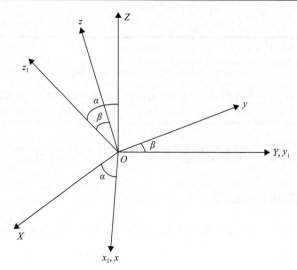

图 4-11　坐标旋转示意图

利用液位传感器和飞机姿态信息即俯仰角、翻转角传感器的输出值得到油箱中的实际油面方程。当飞机姿态角为 α 和 β 时，由图 4-11 可以看出，机体坐标系 $(OXYZ)$ 首先沿着 OY 轴旋转 α 角度到坐标 $Ox_1y_1z_1$，然后沿着 OX 轴转动 β 角度到达坐标系 $Oxyz$。所以，飞行姿态角度的变化，与二维坐标的角度转换不太一样。具体地，第一次转动的旋转矩阵 T_1 为

$$T_1 = \begin{bmatrix} \cos\alpha & 0 & \sin\alpha \\ 0 & 1 & 0 \\ -\sin\alpha & 0 & \cos\alpha \end{bmatrix} \tag{4-4}$$

第二次转动的旋转矩阵 T_2 为

$$T_2 = \begin{bmatrix} 1 & 0 & 0 \\ 0 & \cos\beta & -\sin\beta \\ 0 & \sin\beta & \cos\beta \end{bmatrix} \tag{4-5}$$

由地面坐标系到机体坐标系的总的坐标变换矩阵 T 为

$$T = T_1 T_2 = \begin{bmatrix} \cos\alpha & \sin\alpha\sin\beta & \sin\alpha\cos\beta \\ 0 & \cos\beta & -\sin\beta \\ -\sin\alpha & \cos\alpha\sin\beta & \cos\alpha\cos\beta \end{bmatrix} \tag{4-6}$$

因此，机体坐标系上的点 (x, y, z) 与参考坐标系上的点 (X, Y, Z) 间的关系为

$$X = x\cos\alpha + y\sin\alpha\sin\beta + z\sin\alpha\cos\beta \tag{4-7}$$

$$Y = y\cos\beta - z\sin\beta \tag{4-8}$$

$$Z = -x\sin\alpha + y\cos\alpha\sin\beta + z\cos\alpha\cos\beta \tag{4-9}$$

根据上述旋转角的函数关系，油面在参考坐标系的截距 Z_0 和机体坐标系的截距 z_0 之间的关系可以转换为

$$z_0 = \frac{Z_0}{\cos\alpha\cos\beta} + \frac{X_0\tan\alpha}{\cos\beta} - Y_0\tan\beta \tag{4-10}$$

假设水平状态下的参考坐标系和机体坐标系原点均为油箱最低点，则 Z_0 和 z_0 的关系可以简化为

$$z_0 = \frac{Z_0}{\cos\alpha\cos\beta} \tag{4-11}$$

油平面在地平面坐标系中的方程为

$$Z = Z_0 \tag{4-12}$$

测量油面角参数 α、β 有两种方法：①利用飞机航姿系统的飞机横滚、俯仰参数，通过机载航姿系统直接将飞机姿态数据输入燃油测量计算机，解算成油面角 α、β。②通过在油箱内设置三根以上的传感器直接测量油面角 α、β。通过传感器直接测量油面角示意如图 4-12 所示。

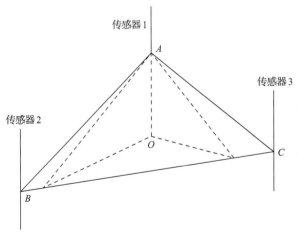

图 4-12　传感器分布示意图

　　由于各传感器上下点坐标已知，当油箱内有三个及三个以上传感器测量到有效油位时，可以得到一个油面 ABC。以左翼高于右翼，翻转角为正。在测量油面角的过程中若不能获得有效油面，则需利用飞机航姿系统输入的飞机姿态角解算出油面俯仰角和翻转角[129]。

4.2.2　温度对油箱的影响[121]

　　图 4-13 展示了满油情况下油箱传热过程。根据传热的基本原理，油箱中的燃油和顶盖之间的传热方程为

$$Q_{上}=Q_{对流}+Q_{辐射} \tag{4-13}$$

$$Q_{对流}=\mu_1 A\left(T_{地面}-T_{蒙皮1}\right) \tag{4-14}$$

$$Q_{辐射}=\theta_1 \sigma A\left(T_{地面}^4-T_{蒙皮1}^4\right) \tag{4-15}$$

$$Q_{上}=\left(T_{蒙皮1}-T_{油}\right)A/\left(\Delta/\lambda+1/\mu_2\right) \tag{4-16}$$

其中，$Q_{对流}$ 为上壁面和气流通过对流换热的热量；$Q_{辐射}$ 为上壁面和外界通过辐射换热的热量；$T_{地面}$ 为地面大气的温度；$T_{蒙皮1}$ 为油箱满油时的蒙皮温度；$T_{油}$ 为油箱内燃油的温度；Δ 为蒙皮的平均厚度；λ 为蒙皮的导热系数；μ_1 为蒙皮和外界大气的对流换热系数；μ_2 为燃油和蒙皮的对流换热系数；θ_1 为蒙皮的反射率；σ 为黑体辐射常数；A 为蒙皮的表面积。

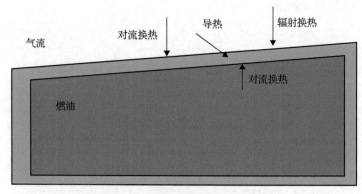

图 4-13　油箱满油时的传热过程

　　同理，下壁面、前壁面、后壁面和左壁面的传热学方程为

$$Q_{下}=Q_{对流}+Q_{辐射} \tag{4-17}$$

$$Q_{前} = Q_{对流} \tag{4-18}$$

$$Q_{后} = Q_{对流} \tag{4-19}$$

$$Q_{左} = Q_{对流} + Q_{辐射} \tag{4-20}$$

此外，如图 4-14 所示，当油箱燃料不直接接触表层（半油状态），而是燃料和表层之间进行热交换时，排出上壁、油箱和空气中的热量后，空气和燃油表面之间会发生负载交换。

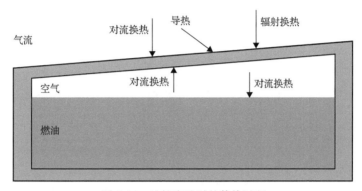

图 4-14　油箱半油时的传热过程

此时，油箱内燃油和上壁面传热过程的方程为

$$Q_{对流} = \mu_1 A \left(T_{大气} - T_{蒙皮2} \right) \tag{4-21}$$

$$Q_{辐射} = \theta_2 \sigma A \left(T_{蒙皮2}^4 - T_{油}^4 \right) \tag{4-22}$$

$$\theta_2 = \frac{1}{\dfrac{1}{\theta_{油}} + \dfrac{A_{油}\left(1/\theta_1 - 1 \right)}{A_{非}}} \tag{4-23}$$

$$Q_{上} = \left(T_{蒙皮2} - T_{油} \right) A / \left(\Delta/\lambda + 1/\mu_3 \right) \tag{4-24}$$

其中，$T_{大气}$ 为外界大气的总温；$T_{蒙皮2}$ 为非浸油部分的蒙皮温度；μ_3 为油箱内燃油和空气的对流换热系数；θ_2 为油箱半油状态下蒙皮向燃油的辐射传热系数；$\theta_{油}$ 为燃油的辐射换热系数；$A_{油}$ 为油箱内燃油的液面面积；$A_{非}$ 为油箱蒙皮非浸油部分的表面积。

综上，油箱内燃油的传热学方程为

$$Q_油 = Q_上 + Q_下 + Q_前 + Q_后 + Q_左 \tag{4-25}$$

4.2.3 介电常数变化原理

变介电常数型圆筒式电容液位传感器原理如图 4-15 所示[130]，在被测介质中放入两个同心圆柱状极板 1 和 2，若电容器内介电常数为 ε_1，容器介质上面的气体的介电常数为 ε_2，则当容器内液面变化时，两极板间电容量 C 会发生变化。

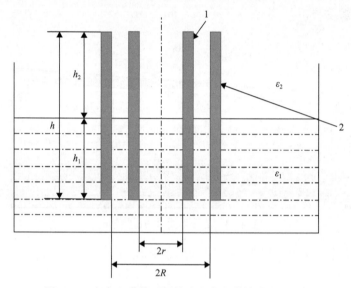

图 4-15　变介电常数型圆筒式电容液位传感器原理图

假设容器中液体介质浸没电极 1 和 2 的高度为 h_1，这时总电容 C 等于气体介质间电容量 C_1 和液体介质间电容量 C_2 之和，即

$$C_1 = 2\pi h_1 \varepsilon_1 / \ln(R/r) \tag{4-26}$$

$$C_2 = 2\pi h_2 \varepsilon_2 / \ln(R/r) = 2\pi(h - h_1)\varepsilon_2 / \ln(R/r) \tag{4-27}$$

$$C = 2\pi h \varepsilon_2 / \ln(R/r) + 2\pi h_1(\varepsilon_1 - \varepsilon_2) / \ln(R/r) \tag{4-28}$$

令 $A = 2\pi h \varepsilon_2 / \ln(R/r)$，$K = 2\pi(\varepsilon_1 - \varepsilon_2) / \ln(R/r)$，则

$$C = A + K h_1 \tag{4-29}$$

由此可知，变介电常数型圆筒式电容液位传感器电容量 C 与液位高度 h_1 呈线性关系，可通过电容量 C 来监测液位高度 h_1，具体为

$$h_1 = \frac{C - A}{K} \tag{4-30}$$

其中，A 和 K 均为常数，由出厂时的标准介电常数 ε_1、ε_2 和传感器结构决定。

当油液因为某种原因(如温度变化、油质变化、含水量不同等)发生变化时，油液的介电常数 ε_1 将会发生变化。另外，容器介质上面气体的介电常数 ε_2 通常受环境影响较小，可以认为保持不变[131]。基于此，可以采用如下算法对液位传感器进行进一步校正。

当油液介电常数从基础的 ε_2 变化为 ε_2' 时(由安装在油箱的介电常数传感器测量)，在相同液位高度 h_1 条件下，测量的电容从 C 变为 C'，即

$$C' = 2\pi h \varepsilon_2' / \ln(R / r) + 2\pi h_1 (\varepsilon_1 - \varepsilon_2') / \ln(R / r) \tag{4-31}$$

此时，需要修正常数 A 和 K，具体为

$$A' = \frac{\varepsilon_2'}{\varepsilon_2} A, \quad K' = \frac{\varepsilon_1 - \varepsilon_2'}{\varepsilon_1 - \varepsilon_2} K \tag{4-32}$$

因此，根据出厂时的标准介电常数 ε_1、ε_2，标准计算常数 A、K，以及安装在油箱的介电常数传感器实测的油液介电常数 ε_2'，得到校准后的液位高度 h 如下：

$$h = \frac{C' - \dfrac{\varepsilon_2'}{\varepsilon_2} A}{\dfrac{\varepsilon_1 - \varepsilon_2'}{\varepsilon_1 - \varepsilon_2} K} \tag{4-33}$$

其中，标准介电常数 ε_1、ε_2，标准计算常数 A、K 均为出厂时用标准介电常数油液设定好的，ε_2' 为安装在油箱的介电常数传感器测量的实际介电常数。

4.3　传感器结构设计及可靠性测试

传感器的结构如图 4-16 所示，产品主要由测量杆、内测量杆、内测量杆套、端盖、引出线端盖、安装法兰、电路板、插座等组成。将正电极组件装入安装盘，通过密封垫和密封圈实现密封功能，由于该正电极组件整体较为细长，且为非金属材料，可能在高温、振动等情况下产生晃动，影响产品性能。因此，通过五个支承块来固定，可以减小内部正电极晃动。安装底座和壳体之间、壳体和安装盘之间，均通过激光焊接进行连接。

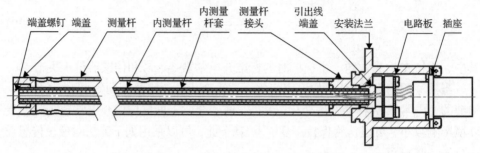

端盖螺钉　端盖　　测量杆　内测量杆　内测量杆套　测量杆接头　引出线端盖　安装法兰　电路板　插座

图 4-16　电容式液位传感器结构图

使用 ANSYS Workbench 对产品模型进行振动适应性仿真分析[132]，以检查产品抗振性能。在这里主要检查产品的自振频率，分别对不同约束方案进行仿真。

如图 4-17 所示，将传感器机械接口固定后进行振动分析，得到产品一阶频率为 70.249Hz，本型号产品固有的抗振性能差，在随机飞行中会因外界振动产生共振。

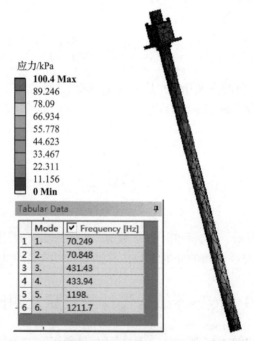

应力/kPa
100.4 Max
89.246
78.09
66.934
55.778
44.623
33.467
22.311
11.156
0 Min

	Mode	☑ Frequency [Hz]
1	1.	70.249
2	2.	70.848
3	3.	431.43
4	4.	433.94
5	5.	1198.
6	6.	1211.7

图 4-17　传感器外壳机械接口固定固有频率分析

如图 4-18 所示，将传感器外壳机械接口和测量杆末端固定后进行振动分析，得到产品一阶模态频率为 468.53Hz，较机械接口单独固定有所提升，但其固有频率依旧较低。

如图 4-19 所示，将传感器外壳机械接口和测量杆中端与末端同时固定后进行振动分析，得到产品一阶模态频率为 1828.7Hz，较两端固定有较大的提升，其固有频率较高，固有的抗振性能好，在随机飞行中不会因外界振动产生共振。

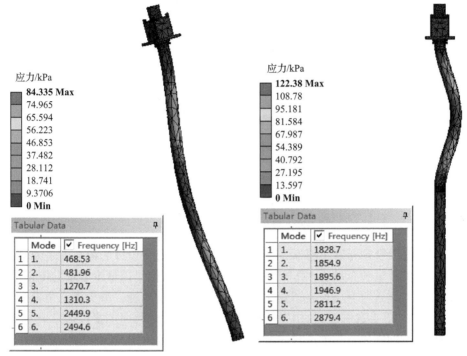

图 4-18　传感器外壳机械接口和测量杆　　　图 4-19　传感器外壳机械接口和测量杆
末端固定固有频率分析　　　　　　　　　中端、末端固定固有频率分析

4.4　传感器电路设计

　　液位传感器的电路主要包括四个部分：电源转换模块、电容读取模块、液位高度转换模块、输出信号转换模块。传感器整体的信号处理框图如图 4-20 所示。

4.5　传感器布局优化

　　传感器布局的设计是另一个直接影响燃油测量系统精度的重要因素。根据前述因素影响介绍，当飞机飞行姿态发生变化时，液位传感器采集的信号将产生姿态误差，特别是在油箱液位处于低位时对信号测量影响最大（一定的姿态角就会导致液位传感器未完全浸入油中，无法得到准确的液位信号，进而无法给下一阶段的飞行任务提供信息），由于误判会直接导致重大飞行事故。

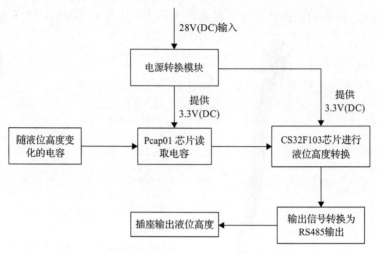

图 4-20　液位传感器信号处理框图

　　此时有必要合理布置传感器,而飞机油位传感器优化设计的核心就是油箱内液位传感器的数量和布局、计算机仿真和试验验证,目标是以最少数量的传感器、最优的布局,覆盖所有飞行姿态变化情况下的油箱液位监测,减少姿态角带来的监测误差[133]。图 4-21 中描述的传感器数量和布局的优化程序主要包括三个方面:上下油量限制的优化、测量连续性限制的优化、正常油位误差限制的优化。

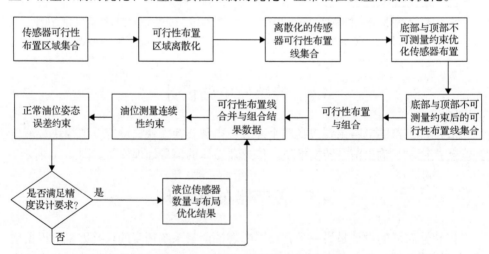

图 4-21　数量与布局优化方法示意图

4.5.1　油箱可测区域计算

　　油箱可测区域的计算是传感器布局的前提。航空行业标准 HB 6178—1988《电容式燃油油量测量系统的安装和校准》规定,水平姿态时,油箱中传感器垂直安装在不可用油平面和最大可用油平面之间。所以将水平姿态下的不可用油平面和最大可用油平面作为传感器安装的基准面。

油箱可测区域的计算步骤总结为以下三点[134]：

(1)计算传感器的基准安装面。根据航空行业标准，对于底部基准安装面，水平姿态下的不可用油平面即安装面；而对于顶部基准安装面，水平姿态下最大可用油平面即安装面。因此，要计算传感器基准安装面的范围，只要求出水平姿态下不可用油、最大可用油平面与油箱外轮廓的相交多边形。

(2)确定基准安装面后，分别求基准安装面与最小、最大可测油平面的交线。油平面与基准安装面的位置关系可能为：①相交且交线在基准安装面内；②相交但交线不在基准安装面内；③平行。

(3)在基准安装面上，确定可测区域。某极限姿态下，油面与基准面交线的一侧为可测区域。

4.5.2　传感器布局计算

对三个不同的长方体油箱模型进行仿真，确定飞机俯仰角 0°～15°、翻转角 0°～25°范围内保持测量连续性(本次仿真所设计的传感器布局在机身下方，沿机身中心线布局，所以姿态角是对称的)。需要在各姿态角下保证至少有两个传感器浸入但未浸没于油液中，基于测量数据实时计算当前姿态油平面油液体积。以极限姿态角的姿态，即俯仰角 ±15°、翻转角 ±15° 分别计算底部可测区域，确定出传感器安装位置。

按照上述传感器布局设计，仿真结果汇总如表 4-4 所示。

表 4-4　不同飞行姿态下油液测量盲区仿真结果

油箱编号	飞行姿态组合	测量盲区体积及占比
#1	俯仰角 15°、翻转角 25°	49.8L，6.3%
	俯仰角 15°、翻转角 0°	15.6L，1.97%
	俯仰角 0°、翻转角 25°	44.23L，5.6%
	俯仰角 0°、翻转角 0°	2.92L，0.4%
#2	俯仰角 15°、翻转角 25°	12.92L，4.36%
	俯仰角 15°、翻转角 0°	0.54L，0.09%
	俯仰角 0°、翻转角 25°	49.5L，16.72%
	俯仰角 0°、翻转角 0°	4.7L，1.59%
#3	俯仰角 15°、翻转角 25°	15.4L，8.39%
	俯仰角 15°、翻转角 0°	0.55L，0.3%
	俯仰角 0°、翻转角 25°	47.26L，25.74%
	俯仰角 0°、翻转角 0°	4.48L，2.44%

根据以上仿真结果得出以下结论：

（1）在水平飞行姿态情况下，最大盲区体积占比为 2.44%；随着翻转角的变化（直至最大翻转角），不可测体积逐渐增加，其中最大盲区体积占比为 25.74%；俯仰角对油液体积测量影响比翻转角小，其中最大盲区体积占比为 1.97%（此时为极限情况）；在翻转角与俯仰角均为极限时，最大盲区体积占比为 8.39%。

（2）在传感器数量限制的情况下，结合表 4-4 仿真结果，考虑到实际飞行姿态情况（极限飞行姿态占比小），在 5 个传感器协同监测下，油箱液位监测相互校准，同时配合算法估计和滤波，预计可以降低不可测量盲区体积（系统误差）。

4.6　油箱油量估计

4.6.1　数学模型

对于复杂的飞机油箱，可以使用六面棱柱体进行近似拟合，只要分割合适且足够薄，就可以无限趋近于油箱实体，如图 4-22 所示。

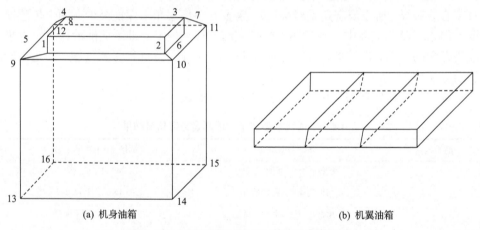

(a) 机身油箱　　　　　　　　　　　　　　(b) 机翼油箱

图 4-22　复杂油箱分割成六面棱柱体示意图

采取切片叠加求和法计算油箱中的油量[135]。切片叠加求和法的中心思想是将油箱切成许多片，这些片具有与油面平行且间隔均匀的平面。计算每个圆盘的体积，然后叠加得到总油量，圆盘厚度与油量的比值就是油箱所需的油量-油位特性。但是，为了计算每个板的体积，首先要找到切面与油箱轮廓的交点，以确定薄片的形状。然后，对六面体的 8 个角点及 12 条棱边进行编号。最后进行六面体计算和代码更新，如图 4-23 所示。

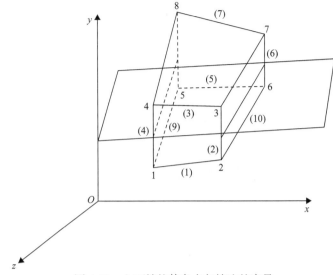

图 4-23　六面棱柱体角点与棱边的序号

4.6.2　姿态校正估计

飞机的油箱和飞机固联，会随着飞行姿态的改变在空间改变位置，所以由于重力作用，油面始终水平。如前所述，飞机的姿态是以俯仰角 α、翻转角 β 和偏航角 γ 来描述的，但是偏航角是飞机绕地垂线的转角，不影响油箱和油面的相对位置关系。所以，只有飞机俯仰角 α 和翻转角 β 的变化会引起液位监测的姿态误差。

结合六面棱柱法，构建三种姿态校正模型，即无校正静态模型(俯仰角 α 和翻转角 β 为零，且飞行状态稳定)、有校正的静态模型(俯仰角 α 和翻转角 β 不为零，且飞行状态稳定)和有校正的动态模型(俯仰角 α 和翻转角 β 不为零，且飞行状态不稳定)。

1. 无校正静态模型建模思路

无校正静态模型建模思路如下：

(1)根据油箱外壳的坐标 $\{(x_1, y_1, z_1)，(x_2, y_2, z_2)，\cdots，(x_m, y_n, z_k)\}$、液位传感器的液位读数 z_0，在标准坐标下开展估算。

(2)采用切片叠加求和法对油箱外壳进行切片，每个切片分割成多个三角形，通过求和三角形构成的切面面积，计算 $Z = z_i$ 情况下的切片截面积 S_i。

(3)根据液位传感器的液位读数 z_0，计算 $Z < z_0$ 液位下的体积 $V_1 = \int_0^z S_z \mathrm{d}z$。

实现过程如下：

(1)将油箱外壳设计实体模型转化为 STL 格式文件。

(2)将 STL 格式数据读入 MATLAB 软件环境，生成油箱外壳的法向量矩阵 vm。

(3)对 vm 进行标准坐标转化，并在标准坐标下提取每层的数据[X, Y, Z]，整个壳体的 MATLAB 环境坐标如图 4-24 所示。

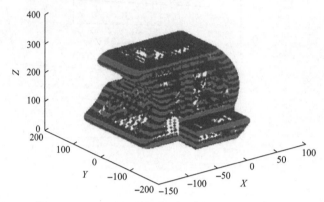

图 4-24　油箱 STL 模型在 MATLAB 环境下的转化表示(各层之间用深灰和浅灰两色区分)

(4)计算每层的体积。

①在 OXY 平面，计算每层的中心点(以算术平均值确定)，记为 A。

②以中心点 A 为公共顶点，与外壳映射到 OXY 平面的点进行连接，将每层分割成多个三角形，如图 4-25 所示。

③计算每个三角形的面积，加和得到每层的截面积 S_i。

④每层的体积 $V_i = S_i \times z_i$。

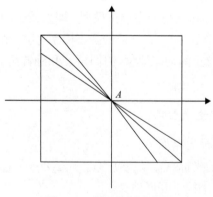

图 4-25　每层分割示意图

(5)根据液位计读数计算油液容量，即当 $Z < z_0$ 时，$V_1 = \int_0^z S_z \mathrm{d}z$。

2. 有校正的静态模型建模思路

当俯仰角 α 和翻转角 β(偏航角 γ 对结果没有影响)发生变化时，计算出平稳

运动状态下 $Z=z_i$ 时每层的截面积 $S_i(\alpha,\gamma)$，通过求和得到液位计读数为 z_0 时的体积 $V_2 = \int_0^{z_0} S_z(\alpha,\beta)\mathrm{d}z$。

实现过程如下：

(1)将油箱外壳设计实体模型转化为 STL 格式文件。

(2)将 STL 格式数据读入 MATLAB 软件环境，生成油箱外壳的法向量矩阵 vm。

(3)对 vm 进行标准坐标转化，同时对飞行姿态角进行标准坐标转化，并在标准坐标下提取每层的数据 $[X, Y, Z, \alpha, \beta]$。

(4)计算每层的体积，此步骤与无校正静态模型(4)一样。

(5)根据液位计读数计算油液容量，即当 $Z < z_0$ 时，$V_2 = \int_0^{z_0} S_z(\alpha,\beta)\mathrm{d}z$。

3. 有校正的动态模型建模思路

有校正的动态模型建模思路如下：

(1)飞行过程中，短期情况下，一般认为油箱中的油流量变化不大。

(2)对稳定状态下的液位体积估计值赋予较大的权值，不稳定状态下的液位体积估计值(一般是指发动机颠簸很严重)赋予较小的权值。

(3)对于不稳定状态的读数序列 $V_2(t_1, t_2, \cdots, t_n)$，采用卡尔曼滤波进行状态评估和体积预测，得到 V_3'，具体如下。

状态预测方程：

$$V_{2,k|k-1} = F_k V_{2,k-1|k-1} + B_k u_k$$

协方差预测方程：

$$P_{k|k-1} = F_k P_{k-1|k-1} F_k^{\mathrm{T}} + Q_k$$

其中，F_k 是状态转移矩阵，通过迭代计算确定；B_k 是控制输入矩阵，即 $[X_k\ Y_k\ Z_k]$；u_k 是控制输入，即 $[x_k, y_k, z_k, \alpha_k, \beta_k]$；$P_k$ 是协方差矩阵，表示状态估计的误差的分布，通过不断更新协方差矩阵，结合预测和测量信息，提供对系统状态的最优估计；Q_k 是过程噪声的协方差矩阵，系统动力学引起的不可预测的随机性质构造为一个零均值的随机矩阵，随着迭代计算而动态更新。

Kalman 增益方程：

$$K_k = (P_{k|k-1} H_k^{\mathrm{T}}) / (H_k P_{k|k-1} H_k^{\mathrm{T}} + R_k)$$

状态更新方程：

$$V_{3,k|k}' = V_{2,k|k-1} + K_k(z_k - H_k V_{2,k|k-1})$$

协方差更新方程：

$$P_{k|k} = (I - K_k H_k) / P_{k|k-1}$$

其中，H_k 是测量矩阵，将系统的状态映射到测量空间，即 $[V_{2,k}, \alpha_k, \beta_k]$；$R_k$ 是测量噪声的协方差矩阵，反映由于传感器精度引起的测量误差，本次设计的输入为传感器多次测量的误差分布；z_k 是测量值，即 $V_{2,k}$ ($k=t_1, t_2, \cdots, t_n$)。

(4) 将不稳定情况下的油液体积校正为 $V_3 = w_1 V_3' + w_2 V_2$ (w_1 和 w_2 通过试验确定，其中 $w_1 > w_2$)。

实现过程如下：

(1) 计算稳定飞行状态下的油量 (参见有校正的静态模型)。

(2) 计算不稳定 (飞行姿态连续发生变化) 飞行状态下的油量，并记录形成一个不稳定飞行的油量变化时间序列。

(3) 通过仿真试验确定权重。

(4) 校正不稳定 (飞行姿态连续发生变化) 飞行状态下的油量。

利用有限元分析估算油箱理论体积、SolidWorks 软件构造油箱三维模型，对上述校正方法进行仿真验证。

在稳态条件下，将整个油箱平分成 30 层 (每层 10mm)，分别计算每层的体积，如图 4-26 所示。由图 4-26 可以看出，曲线变化情况与油箱外形变化情况一致，趋势符合，故从定性角度校正模型是合理的。

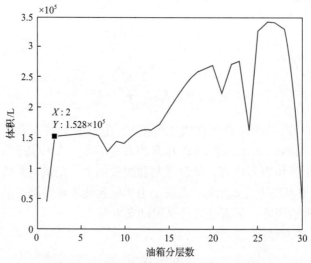

图 4-26　稳态情况下各层体积估算变化曲线

根据设计资料，4 个关键节点对应的高度和体积如表 4-5 所示，并与估算体积对比。由表可以看出，4 个节点的误差均低于 5%，平均精度达到 96.575%。

表 4-5　静态情况下关键节点体积对照表

液位/mm	理论体积/L	估算体积/L	误差/%
127	2	2.08	4
175	3	3.09	3
217	4	4.16	4
243	4.8	4.93	2.7

考虑飞行姿态的仿真试验(动态权重仿真情况为零的状态,与静态校正一致)结果如表 4-6 所示,4 个节点的误差均低于 5%,平均精度达到 96.675%。

表 4-6　飞行姿态下节点体积对照表

液位/mm	姿态角/(°)	理论体积/L	估算体积/L	误差/%
127		1	1.03	3
175	$\alpha=10$, $\beta=10$	2.1	2.16	2.9
217		3.3	3.18	3.6
243		3.9	3.75	3.8

4.6.3　计算机辅助与空间插值法

对于许多飞机的油箱,特别是对于形状复杂的油箱,它们的油面高度和油箱油量之间的关系是复杂的,当油箱姿态改变时将会变得更为复杂。所以这里选择计算机辅助方法来模拟和计算油液体积。目前有很多相关软件可实现复杂几何体的体积计算,如 AutoCAD、SolidWorks、CATIA 等[133, 136]。图 4-27 为 SolidWorks 油箱旋转示意图。

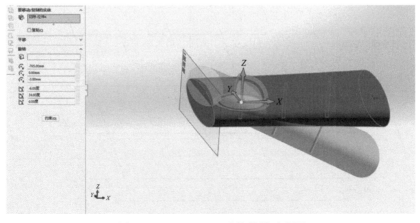

图 4-27　SolidWorks 油箱旋转示意图

　　一般地,利用计算机辅助设计与绘图等工具包,根据油箱外形数据建立精确的油箱模型,然后对模型在静态情况下进行多次切割后,形成三维油箱实体模型。再模拟不同飞行姿态下坐标变换,利用软件自带的体积计算功能(图 4-28),可以实现不同飞行姿态油液重心和体积的计算。

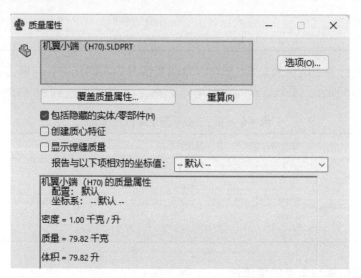

图 4-28　SolidWorks 质量属性模块

　　同时,结合查表法(图 4-29)、空间插值法(图 4-30),形成本书的监测与估计校正体系,如图 4-31 所示。

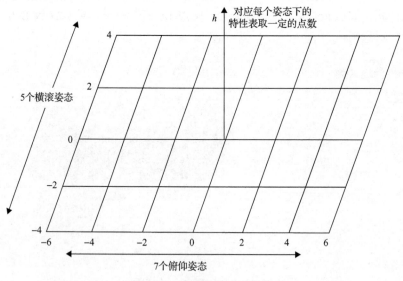

图 4-29　姿态特性表示意图

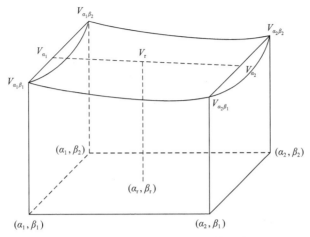

图 4-30　α 维度和 β 维度插值计算示意图

具体流程如下:

(1)构造油液体积 V 与飞行俯仰角 α、翻转角 β、油液传感器液位 h 的数据库(即 V-$[\alpha, \beta, h]$ 的特性空间曲线),要求尽量覆盖所有飞行姿态。

(2)当获得真实信号 α_r、β_r、h_r 时,结合(1)中的特征数据库和插值法[137],实现快速液位误差校正。

举例说明如下:

在特征表中找到 α_r、β_r 对应的区间,设 $\alpha_1 \leqslant \alpha_r \leqslant \alpha_2$,$\beta_1 \leqslant \beta_r \leqslant \beta_2$,分别求出 4 种飞行姿态组合($\alpha_1\beta_1$, $\alpha_1\beta_2$, $\alpha_2\beta_1$, $\alpha_2\beta_2$)下 h_r 对应的油量。

首先从 h 维度插值计算:

$$V_{\alpha_1\beta_1} = V_1 + \frac{V_2 - V_1}{h_2 - h_1}(h_r - h_1) \tag{4-34}$$

其中,V_1 和 V_2 分别为 h_1 和 h_2 对应的油量,$h_1 \leqslant h_r \leqslant h_2$。其数值由查特征数据库获得。

同理,可以获得 $V_{\alpha_1\beta_2}$、$V_{\alpha_2\beta_1}$、$V_{\alpha_2\beta_2}$。

其次从 β 维度插值计算:

$$V_{\alpha_1} = V_{\alpha_1\beta_1} + \frac{V_{\alpha_1\beta_2} - V_{\alpha_1\beta_1}}{\beta_2 - \beta_1}(\beta_r - \beta_1) \tag{4-35}$$

$$V_{\alpha_2} = V_{\alpha_2\beta_1} + \frac{V_{\alpha_2\beta_2} - V_{\alpha_2\beta_1}}{\beta_2 - \beta_1}(\beta_r - \beta_1) \tag{4-36}$$

最后从 α 维度插值计算:

$$V_r = V_{\alpha_1} + \frac{V_{\alpha_2} - V_{\alpha_1}}{\alpha_2 - \alpha_1}(\alpha_r - \alpha_1) \tag{4-37}$$

则 V_r 为真实信号 $[\alpha_r, \beta_r, h_r]$ 下的油量校正值。

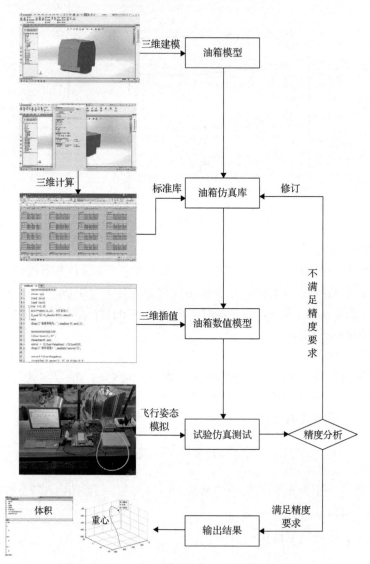

图 4-31　不同飞行姿态燃油系统监测与估计框架

4.7　试验装置设计

4.7.1　传感器设计

电容式液位传感器三维模型如图 4-32 所示，其结构设计简单且便于安装拆卸。

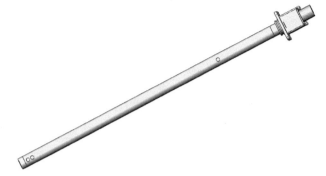

图 4-32　电容式液位传感器三维模型

4.7.2　传感器、信号器布局设计

整个系统含有液位传感器、油面信号器、低油面信号器、介电常数传感器、温度传感器，如图 4-33 所示。所有传感器从油箱底部安装。

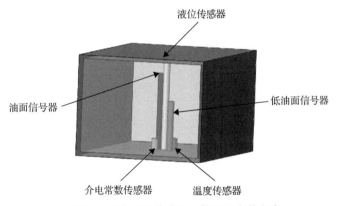

图 4-33　机身油箱传感器、信号器安装方案

4.7.3　测试平台设计

1. PLC 接线设计

PLC 接线设计如图 4-34 所示。

2. 电气设计

电气设计原理如图 4-35 所示。

3. PLC 逻辑控制设计

PLC 逻辑控制设计程序如图 4-36 所示。

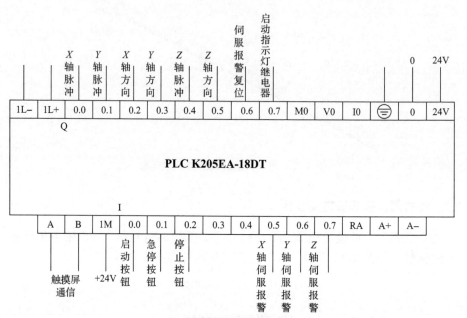

图 4-34　PLC 接线图

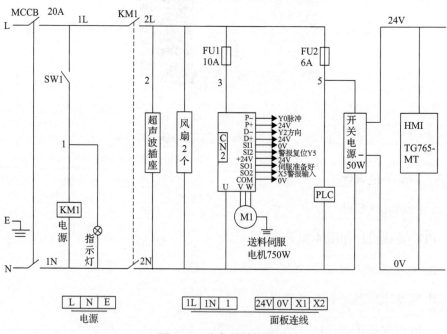

图 4-35　电气设计原理图

(* Network 0 *)

```
   X轴启动    X轴停止    停止按钮    急停按钮    X轴动作
 ├──┤ ├──┬──┤/├──────┤/├──────┤ ├──────( )──┤
 │  启动按钮 │
 ├──┤ ├──┤
 │  X轴动作  │
 └──┤ ├──┘
```

(* Network 1 *)

```
   X轴动作                              X轴运行
 ├──┤ ├──┬───────────────────────────( )──┤
 │ X轴正调整│
 ├──┤ ├──┤
 │ X轴反调整│
 └──┤ ├──┘
```

(* Network 2 *)

```
   Y轴启动    Y轴停止    停止按钮    急停按钮    Y轴动作
 ├──┤ ├──┬──┤/├──────┤/├──────┤ ├──────( )──┤
 │  启动按钮 │
 ├──┤ ├──┤
 │  Y轴动作  │
 └──┤ ├──┘
```

(* Network 3 *)

```
   Y轴动作                              Y轴运行
 ├──┤ ├──┬───────────────────────────( )──┤
 │ Y轴正调整│
 ├──┤ ├──┤
 │ Y轴反调整│
 └──┤ ├──┘
```

(* Network 4 *)

```
   Z轴启动    Z轴停止    停止按钮    急停按钮    Z轴动作
 ├──┤ ├──┬──┤/├──────┤/├──────┤ ├──────( )──┤
 │  启动按钮 │
 ├──┤ ├──┤
 │  Z轴动作  │
 └──┤ ├──┘
```

(* Network 5 *)

```
   Z轴动作                              Z轴运行
 ├──┤ ├──┬───────────────────────────( )──┤
 │ Z轴正调整│
 ├──┤ ├──┤
 │ Z轴反调整│
 └──┤ ├──┘
```

(a) 手动控制程序

(* Network 0 *)

```
   常通
───┤ ├───      ┌─────────────┐                    ┌─────────────┐
                │     DIV     │                    │     MUL     │
                │ EN      ENO │                    │ EN      ENO │────(NUL)
  X轴速度设置 ──│ IN1     OUT │── %VR240  %VR240 ──│ IN1     OUT │── %VR252
        60.0 ──│ IN2         │           65536.0 ──│ IN2         │
                └─────────────┘                    └─────────────┘
```

(* Network 1 *)

```
   常通
───┤ ├───      ┌─────────────┐                    ┌─────────────┐
                │     DIV     │                    │     MUL     │
                │ EN      ENO │                    │ EN      ENO │────(NUL)
  Y轴速度设置 ──│ IN1     OUT │── %VR244  %VR244 ──│ IN1     OUT │── %VR256
        60.0 ──│ IN2         │           65536.0 ──│ IN2         │
                └─────────────┘                    └─────────────┘
```

(* Network 2 *)

```
   常通
───┤ ├───      ┌─────────────┐                    ┌─────────────┐
                │     DIV     │                    │     MUL     │
                │ EN      ENO │                    │ EN      ENO │────(NUL)
  Z轴速度设置 ──│ IN1     OUT │── %VR248  %VR248 ──│ IN1     OUT │── %VR260
        60.0 ──│ IN2         │           65536.0 ──│ IN2         │
                └─────────────┘                    └─────────────┘
```

(* Network 3 *)

```
   常通
───┤ ├───      ┌─────────────┐
                │   R_TO_DI   │
                │ EN      ENO │────(NUL)
   %VR252 ──────│ IN      OUT │── %VD200
                └─────────────┘
```

(* Network 4 *)

```
   常通
───┤ ├───      ┌─────────────┐
                │   R_TO_DI   │
                │ EN      ENO │────(NUL)
   %VR256 ──────│ IN      OUT │── %VD204
                └─────────────┘
```

(* Network 5 *)

```
   常通
───┤ ├───      ┌─────────────┐
                │   R_TO_DI   │
                │ EN      ENO │────(NUL)
   %VR260 ──────│ IN      OUT │── %VD208
                └─────────────┘
```

(* Network 6 *)

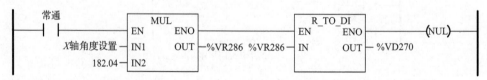

```
   常通
───┤ ├───      ┌─────────────┐                    ┌─────────────┐
                │     MUL     │                    │   R_TO_DI   │
                │ EN      ENO │                    │ EN      ENO │────(NUL)
  X轴角度设置 ──│ IN1     OUT │── %VR286  %VR286 ──│ IN      OUT │── %VD270
      182.04 ──│ IN2         │                    │             │
                └─────────────┘                    └─────────────┘
```

(* Network 7 *)

(* Network 8 *)

(* Network 9 *)

(* Network 10 *)

(* Network 11 *)

(* Network 12 *)

(* Network 13 *)

```
常通                    ┌─── DI_TO_R ───┐                    ┌───── DIV ─────┐
──┤├──────────────────┤EN          ENO├─── Y轴实 ─ Y轴实 ──┤EN          ENO├───────(NUL)──
                       │               │   时角度   时角度   │               │
         %SMD242 ──────┤IN          OUT├─          182.04 ──┤IN1         OUT├── Y轴实时角度
                       └───────────────┘                    ┤IN2            │
                                                             └───────────────┘
```

(* Network 14 *)

```
常通                    ┌─── DI_TO_R ───┐                    ┌───── DIV ─────┐
──┤├──────────────────┤EN          ENO├─── Z轴实 ─ Z轴实 ──┤EN          ENO├───────(NUL)──
                       │               │   时角度   时角度   │               │
         %SMD262 ──────┤IN          OUT├─          182.04 ──┤IN1         OUT├── Z轴实时角度
                       └───────────────┘                    ┤IN2            │
                                                             └───────────────┘
```

(* Network 15 *)

```
X轴运行                ┌───── GE ─────┐          X轴正转结束
──┤├──────────────────┤EN         OUT├──────────────( )──
                       │              │
         %SMD212 ──────┤IN1           │
          %VD292 ──────┤IN2           │
                       └──────────────┘
```

(* Network 16 *)

```
X轴运行                ┌───── LT ─────┐          X轴反转结束
──┤├──────────────────┤EN         OUT├──────────────( )──
                       │              │
         %SMD212 ──────┤IN1           │
          %VD296 ──────┤IN2           │
                       └──────────────┘
```

(* Network 17 *)

```
X轴运行                ┌─── R_TRIG ───┐          X轴动作上升沿
──┤├──────────────────┤CLK         Q ├──────────────( )──
                       │              │
                       └──────────────┘
```

(* Network 18 *)

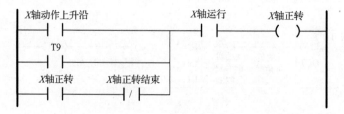

X轴动作上升沿   X轴运行   X轴正转
──┤├──────────────────────────────┤├──────────( )──
　　T9
──┤├──
　X轴正转　　　X轴正转结束
──┤├───────────┤/├──

(* Network 19 *)

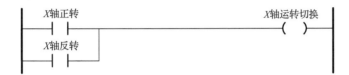

(* Network 20 *)

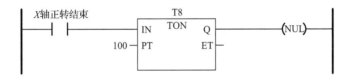

(* Network 21 *)

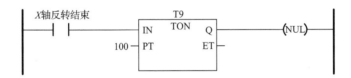

(* Network 22 *)

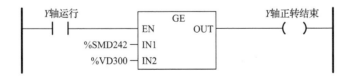

(* Network 23 *)

(* Network 24 *)

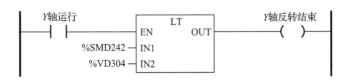

(* Network 25 *)

```
  Y轴运行              ┌──────────┐        Y轴动作上升沿
───┤ ├──────────────┤ R_TRIG   ├───────────( )──────
                     │CLK      Q│
                     └──────────┘
```

(* Network 26 *)

```
  Y轴动作上升沿                      Y轴运行        Y轴正转
───┤ ├──────────────────┬────────────┤ ├──────────( )──────
   T11                  │
───┤ ├──────────────────┤
  Y轴正转    Y轴正转结束 │
───┤ ├────────┤/├───────┘
```

(* Network 27 *)

```
   T10                             Y轴运行        Y轴反转
───┤ ├──────────────────┬────────────┤ ├──────────( )──────
  Y轴反转    Y轴反转结束 │
───┤ ├────────┤/├───────┘
```

(* Network 28 *)

```
  Y轴正转                                      Y轴运转切换
───┤ ├──────────────┬────────────────────────────( )──────
  Y轴反转           │
───┤ ├─────────────┘
```

(* Network 29 *)

```
  Y轴正转结束        ┌──────────┐
───┤ ├───────────┤IN  TON   Q├──────────(NUL)──────
              100─┤PT      ET├
                  └──────────┘
                      T10
```

(* Network 30 *)

```
  Y轴反转结束        ┌──────────┐
───┤ ├───────────┤IN  TON   Q├──────────(NUL)──────
              100─┤PT      ET├
                  └──────────┘
                      T11
```

(* Network 31 *)

```
  Z轴运行               ┌──────GE──────┐          Z轴正转结束
──┤ ├─────────────────┤EN        OUT├──────────(  )──────
                       │              │
        %SMD262────────┤IN1           │
                       │              │
         %VD308────────┤IN2           │
                       └──────────────┘
```

(* Network 32 *)

```
  Z轴运行               ┌──────LT──────┐          Z轴反转结束
──┤ ├─────────────────┤EN        OUT├──────────(  )──────
                       │              │
        %SMD262────────┤IN1           │
                       │              │
         %VD312────────┤IN2           │
                       └──────────────┘
```

(* Network 33 *)

```
  Z轴运行               ┌────R_TRIG────┐          Z轴动作上升沿
──┤ ├─────────────────┤CLK         Q├──────────(  )──────
                       │              │
                       └──────────────┘
```

(* Network 34 *)

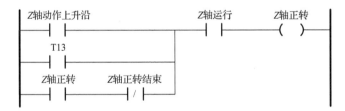

(* Network 35 *)

(* Network 36 *)

(* Network 37 *)

```
Z轴正转结束              T12
  ┤├          ┌─────────────┐
            ──┤IN    TON   Q├──────(NUL)
       100 ──┤PT         ET├
              └─────────────┘
```

(* Network 38 *)

```
Z轴反转结束              T13
  ┤├          ┌─────────────┐
            ──┤IN    TON   Q├──────(NUL)
       100 ──┤PT         ET├
              └─────────────┘
```

(b) 数据运算程序

(* Network 0 *)

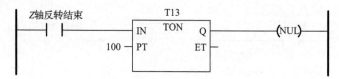

```
  X轴正转      X轴正调整         MOVE
   ┤├          ┤/├        ┌──────────┐
                          ┤EN     ENO├──────(NUL)
                       0 ─┤IN     OUT├─ X轴转向
  X轴正调整                └──────────┘
   ┤├
```

(* Network 1 *)

```
  X轴反转      X轴反调整         MOVE
   ┤├          ┤/├        ┌──────────┐
                          ┤EN     ENO├──────(NUL)
                       1 ─┤IN     OUT├─ X轴转向
  X轴反调整                └──────────┘
   ┤├
```

(* Network 2 *)

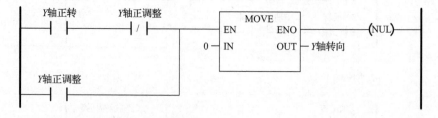

```
  Y轴正转      Y轴正调整         MOVE
   ┤├          ┤/├        ┌──────────┐
                          ┤EN     ENO├──────(NUL)
                       0 ─┤IN     OUT├─ Y轴转向
  Y轴正调整                └──────────┘
   ┤├
```

(* Network 3 *)

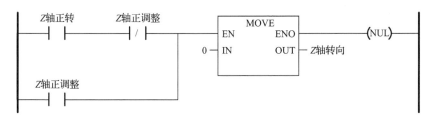

(* Network 4 *)

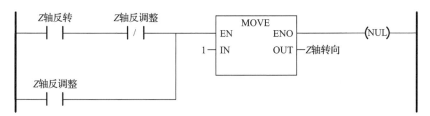

(* Network 5 *)

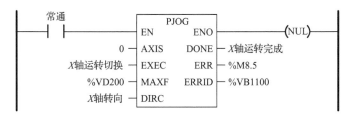

(* Network 6 *)

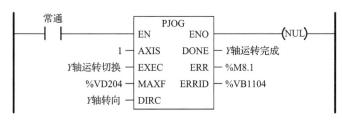

(* Network 7 *)

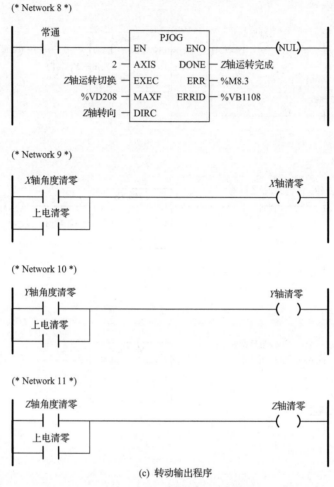

(c) 转动输出程序

图 4-36　PLC 逻辑控制梯形截图

4. 试验接线设计

传感器接线设计如图 4-37 所示。

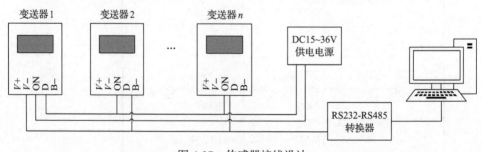

图 4-37　传感器接线设计

5. 测试平台三维设计

飞行姿态三轴试验台三维设计如图 4-38 所示，主要用于模拟飞行姿态，自动化实现俯仰角、翻转角、偏航角的设定。通过不同飞行姿态的调整，为液位传感器的性能测试提供试验条件。

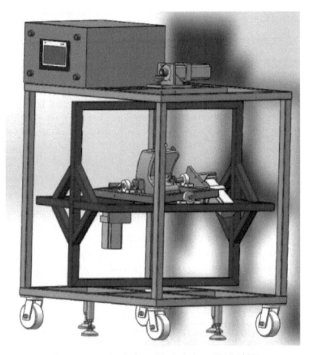

图 4-38　飞行姿态三轴试验台三维设计图

通过三轴转动试验台(图 4-38 和图 4-39)，模拟不同飞行姿态下的燃油量变化情况，依据图 4-31 飞行姿态燃油系统监测与估计框架开展仿真，为飞行姿态下在线监测提供可靠、精准的软硬件支持。

此测试系统操作方法简要提示如下：

(1)插上电源(220V)。旋转电控箱上的旋钮，本机通电，点击触摸屏上的启动按钮。

(2)进入运行界面，首先设定参数(X、Y、Z 轴的转速和回转角度)。

(3)调整 X、Y、Z 轴的位置(按相应轴的正调整或者反调整)，调到合适位置后按下相应轴的角度清零按钮(此时本机完成初始化设置，随即进入正式测试工作)。

(4)如果需要三轴同时启动，按下电控箱上的启动按钮即可。如果只需要启动其中某一轴或者某两轴，则按下触摸屏上相应轴的启动按键即可（如"X轴启动"）。

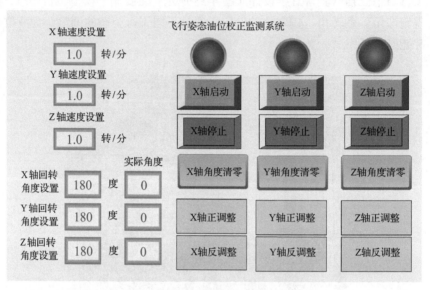

图 4-39　试验台控制界面

图 4-40 为测试试验实物图，从左到右依次为上位机显示（图 4-41）、模拟器、开发板、电源、传感器等。

图 4-40　测试试验实物图

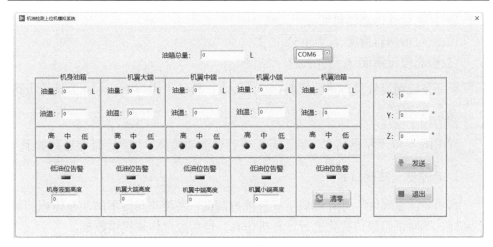

图 4-41　上位机界面

6. 测试系统故障及解决方案

表 4-7 汇总了常见的系统故障及解决方案。

表 4-7　常见的系统故障及解决方案

故障现象	原因	解决方案	备注
无输出/ 无通信	电源开路或电压过低；传感器故障；接线错误	检测接线是否正确→检测负载供电电压是否大于 10V→检测供电电源是否为 3～10mA→根据接线定义正确接线，或将绿色与黄色线对调（仅限于数字通信）→以上均正常或电流超出正常范围，则传感器失效	4～20mA 信号输出的供电电压为 20～28V（DC）
输出值不变	供电电压异常；外部干扰；传感器故障；传感器堵塞	检测负载供电电压是否正常→传感器重新通电→监测环境是否有干扰源→检查传感器上下孔是否堵塞→以上均正常，则传感器失效	检查油箱油位是否静止；若重新上电后正常，则重点检查干扰源和电源
输出值误差大	供电电压异常；外部干扰；传感器故障；传感器堵塞；自适应未完成	检测负载供电电压是否正常→监测环境是否有干扰源→检查传感器上下孔是否堵塞→执行传感器校准操作→以上均正常，则传感器失效	该故障多为自动适应未完成，执行校准程序后恢复
输出值不稳定	传感器挂液；油面跳动；供电电压不稳；外部干扰；传感器故障	检查油面是否静止→检查供电电压是否正常→检查环境是否有干扰源→执行传感器校准操作→以上均正常，则传感器失效	此故障多出于 0～5V 信号上

4.7.4　仿真测试性能

本系统采用如下精度（相对）的传感器，具体如下：

(1)介电常数传感器精度 A_1 为 2%；

(2)液位传感器精度 A_2 为 1.5%；

(3)姿态校正精度 A_3 为 3.3%。

根据系统精度计算理论公式 $FA = \sqrt{\sum_i A_i^2}$，得结果为 4.14%，此为理论上可以达到的校正精度。

利用图 4-40 所示的仿真试验平台，进行燃油油箱液位仿真，具体思路如下。

1. 三维软件建模仿真

利用"质量属性"计算模块生成各液位高度、各姿态角度下的油箱体积和重心坐标，既对油箱液位变化进行计算机仿真，也为数值仿真提供数据。

2. 数值仿真

结合三维软件仿真数据(作为理论值或真实值)，构建油箱体积和重心估算模型，实现油箱动态信息的快速估计。

MATLAB 仿真结果如图 4-42 所示。

〉〉main
油液体积为：37.91
油液重心坐标：$X=-247.68$，$Y=-49.15$，$Z=-183.26$

(a) 某液位高度下某时刻仿真计算所得剩余油液体积和重心坐标

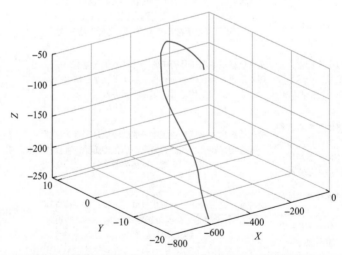

(b) 某液位高度下固定俯仰角、不同翻转角情况下的油液重心变化曲线

图 4-42　MATLAB 仿真结果

第 5 章　油气混合分离性能测试

5.1　分　离　原　理

滑油系统不仅向发动机运动部件的摩擦面提供适量的滑油，减少摩擦，而且具有冷却、气密性、防锈等功能。一般来说，滑油会与一定量的空气混合，当通过油泵、管道和高速轴承时，大量的自由空气和气体注入滑油，滑油的空气含量增加。这就大大降低了滑油的性能，增加了滑油的消耗量和油在管道中的流动阻力，降低了滑油的吸收能力。因此，有必要在滑油系统中使用油气分离设备来去除滑油中混合的气体[138]。

油和气体分离的基本方法如下：重力沉降、过滤分离、惯性分离（包括离心分离）、静电分离和精馏式气液分离[139]。

5.1.1　重力沉降

利用气相和液相的密度差来实现分离是重力沉降分离的原理。因为在重力沉降器中气相比液相密度小，所以液相的浮力小于自身的重力，在重力作用下液滴下沉至容器底部，从而实现了气液分离。立式重力沉降分离器和卧式重力沉降分离器是主要的重力沉降分离器，分离器基本结构如图 5-1 所示。

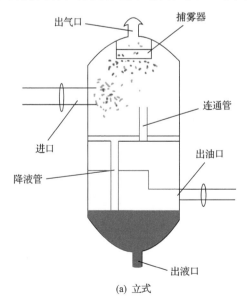

(a) 立式

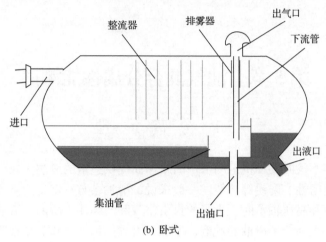

(b) 卧式

图 5-1　不同类型的重力沉降分离器

在制冷系统中，停机重启、制冷剂在蒸发器中不充分换热等情况均有可能造成液相制冷剂进入压缩机引起液击，因此通常在压缩机前设置气液分离器，起到防止压缩机液击、提供压缩机回油和储存系统中多余制冷剂等作用。

重力沉降分离器的特点：该装置结构简单，阻力小，操作简单，但分离效率普遍较低，因此一般作为预分离器，用于分离直径超过 100μm 的粗颗粒。

5.1.2　过滤分离

过滤分离的核心部件是过滤滤芯，滤芯实现分离的方式是通过过滤网拦截产物中的液滴，它是由金属丝过滤网和玻璃纤维制成的，但金属丝网存在清洗困难的问题。一般情况下，3～10μm 范围内的小液滴最适合使用过滤型气液分离器，其分离效果最好，结构如图 5-2 和图 5-3 所示。

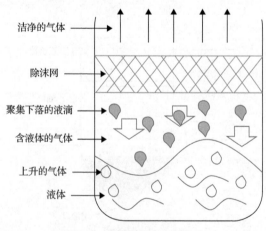

图 5-2　捕雾丝网过滤原理

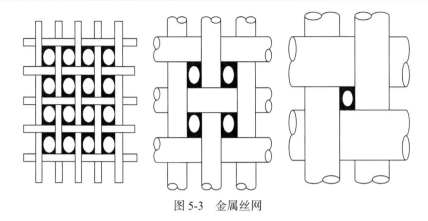

图 5-3　金属丝网

整个过滤分离的过程如下：

（1）在油滴上升的惯性作用下，带有油滴的气体以一定的速度穿过金属丝网，油滴和金属丝发生碰撞从而附着在金属丝表面。

（2）在油滴本身重力作用下，金属丝表面的小油滴彼此吸附形成较大的油滴，沿着金属丝网连成一体。

（3）在油滴表面张力的作用下，金属丝如同组织内毛细血管一样将油滴越聚越大，当油滴自身的重量大于气体上升的浮力与液体表面张力的合力时，其就会被分离从而下落，流到储存容器中。

过滤分离的优点是分离效率高，而且可以去除 0.01mm 以上的细小微粒。但是，滤芯清洗起来很困难，滤材的再生性比较差。

5.1.3　惯性分离

惯性分离是利用气液两相分离通道中的惯性和动量差来实现的。最常见的应用是波纹型去毛刺容器，它是金属波形板的主要部件，具体见图 5-4。其主要优点是结构简单，加工量大。惯性分离器分离的液滴最小值约为 25μm。

惯性分离的两种形式如下：

（1）利用密度差在离心力场中分离相。水力旋流器作为一种被动分离装置，不需要外部驱动，体积小，结构简单。与一些主动分离装置相比，它是节能的。图 5-4 中显示了传统的 75mm 单双入口的水力旋流器的结构。八个重要的几何参数如下：方形入口段的长度（L）和宽度（W）、涡流探测器的直径（D_v）、涡流探测器的长度（L_v）、圆柱体的直径（D_e）、圆柱形部分的长度（L_e）、锥形段的角度（α）和管塞直径（D_s）。油气两相混合流从方形入口沿圆柱体的切线方向以恒定的速度进入水力旋流器，进而混合流由原来的直线运动变成猛烈的旋转运动。随着油气密度的变化，两相的离心力、向心浮力和流体阻力也发生变化。在离心力的作

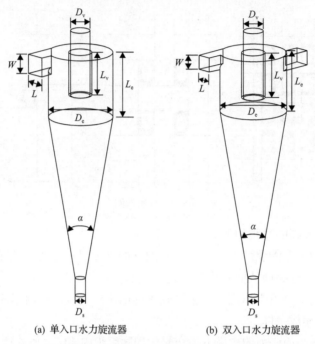

(a) 单入口水力旋流器　　　　(b) 双入口水力旋流器

图 5-4　惯性分离

　　用下，油体汇集在水力旋流器的壁上，而气体聚集在水力旋流器的中间。最后，油相通过水力旋流器的龙头排出，气相从旋涡溢流管排出，从而达到分离分级的目的。

　　(2)使气流高速旋转，用产生的离心力强化分离。离心分离是利用分离器旋转产生的离心力来分离气液流中的液滴。离心分离的方式能够达到更高的分离效率，相较于重力，离心力作用会产生更大的力。管柱式结构分离器、螺旋式结构分离器、旋流板式结构分离器和轴流式结构分离器这几种分离器均是利用离心分离原理制成的。图 5-5 是气液离心分离器结构。由于其具有多个优势，如体积小、便于操作和运行稳定等，现在气液离心分离器已经成为国内外研究热点。

　　气液离心分离器具有结构简单、安装和维修方便、工作持续可靠、成本较低、便于清洗、容易实现自动控制等特点。但由于其仅能够分离出几微米的微细颗粒，效率一般不高，所以最好是作为高效分离器的预分离器。

　　波纹(折)板式气液分离器是另一种常见的气液惯性分离器，如图 5-6 所示，气流携带着微小液滴在波纹板构成的通道内做曲线运动，水滴在离心力、惯性力和附着力等作用下，无法流动和偏转，从而无法撞击波形板的壁面，使得一部分水滴附着在波纹板表面形成液膜，液膜在自身重力作用下不断向下流动，最后离开波纹板。

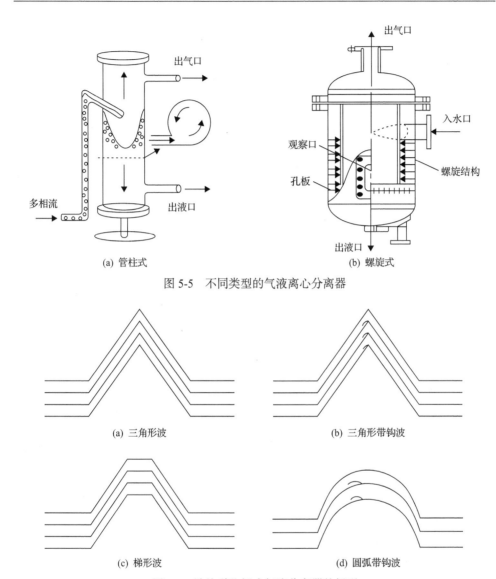

(a) 管柱式

(b) 螺旋式

图 5-5　不同类型的气液离心分离器

(a) 三角形波

(b) 三角形带钩波

(c) 梯形波

(d) 圆弧带钩波

图 5-6　波纹(折)板式气液分离器的板型

这种气液分离器通常用于去除塔设备(如胶结塔、吸收塔、解吸塔等)气相中的液滴,以控制排放、回收溶剂和保护装置。带钩波形板的板间距、疏水钩间隙、波形板屈折角、波节距和疏水钩数目等结构参数研究表明,最佳尺寸是约为 30°的屈折角度、9 个疏水钩、1mm 间隙的疏水钩、15mm 间距的带钩波形板形板,而且通过研究可以发现,在入口干度较低时,波纹(折)板式气液分离器的分离效果良好。

5.1.4　静电分离

仅靠重力作用进行水油分离的设备已经无法满足现在的需求，所以提出了静电分离方式。静电分离是指含有杂质的细颗粒通过高压电晕放电，并通过电场力沉积到极板表面，以收集杂质。国外研究显示固定结构的外电极和交流电场能够提高水滴在乳化液中的聚合效率，研制了四种不同结构的静电聚合装置，效果较好。近年来，日本对静电聚合机理及其影响因素进行了研究，并通过改变分离器出油口的粒径和含水量来评价静电聚合效果。通过改变含水量、流速和电压，确定了极板的分离特性。油和水乳剂中的电场强度为

$$E = \frac{U}{d_2 + d_1 \dfrac{\varepsilon_2}{\varepsilon_1}} \tag{5-1}$$

其中，d_1 为绝缘层厚度；ε_1 为绝缘层介电常数；d_2 为原油乳状液流道宽度；ε_2 为乳状流介电常数；E 为电场强度；U 为电极板之间施加的电压。通过式(5-1)可以发现，影响静电聚结效率的主要因素是绝缘材料，随着绝缘层介电常数 ε_1 变大，乳状液电场强度也变大。当 $\varepsilon_2/\varepsilon_1$ 小于 1 时，电场强度和绝缘层厚度成正比；当 $\varepsilon_2/\varepsilon_1$ 大于 1 时，电场强度和绝缘层厚度成反比；在其他条件不变的情况下，电场强度和电极板间的电压成正比。因为电场强度是聚结设备分离效率的重要影响因素，所以提高电场强度，可以有效提高液滴合聚的速率，从而实现油水乳状液的分离。

水滴在分离器中的沉降时间随流量降低而增加，流量较小时，电场作用时间增加，液滴聚并更加充分。

静电分离的优点：可以有效收集油滴颗粒，分离效率高，可收集 1μm 以下的颗粒，能耗低，可在高压下运行。静电分离的缺点：①油滴在收集板聚集成油膜后，分离效率逐渐降低，且很难清洗；②运行费用高；③维修困难，且维修价格高；④其使用电力时产生的臭氧会对大气造成污染。

5.1.5　精馏式气液分离

精馏式气液分离是在气液分离的情况下，对混合物进行多次部分汽化和部分冷凝，最终获得高纯度组分。精馏式气液分离主要设施如图 5-7 所示，包括精馏塔、转化炉和冷凝器。在精馏塔入口的边界处，上部为精馏段，下部为提馏段。恒温恒压混合物进入精馏塔后，低沸点组分在精馏段逐渐浓缩，流向塔顶，离开塔顶，将所有气体冷凝成液体，部分液体作为冷凝液排出，部分回流到塔中，以补充低沸点组分，确保精馏持续稳定。高沸点组分在提馏段浓缩后，一部分组分

达到沸点被排出，另一部分用再热器加热，返回塔中，为蒸馏提供恒定量的连续气相。

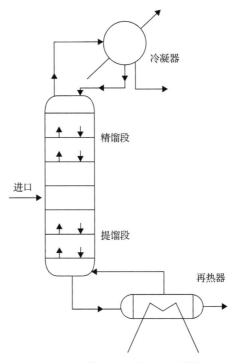

图 5-7　精馏式气液分离主要设施

精馏式气液分离的特点：分离效率比较高，而且可以进行分组分离，但分离所需的成本较高，还需要额外的冷热源。

从各种气液分离方法和设备的比较来看，每种设备的应用范围都比较窄，没有通用性，许多分离设备的分离机理尚不清楚。因此，发展高效、通用的气液分离技术，多种分离方法的综合应用，以及深入认识各种分离技术的分离机理具有重要意义。此外，气液分离和相变过程(冷凝和蒸发)强化传热是一个很有前景的发展方向。

5.2　分离性能测试原理

5.2.1　基于声速法研究油气分离器的分离效率

如图 5-8 所示，建立试验装置是为了测量制冷系统中的油浓度[140]。该系统包含一个完整的制冷循环，由压缩机、冷凝器、过滤器、膨胀阀和蒸发器组成。蒸发器是量热仪，可以测量制冷量。该系统还可以获得压缩机的性能。在循环的基础上，在系统的过滤器后安装了在线声速传感器，可以实时获取液态制冷剂中的油分。

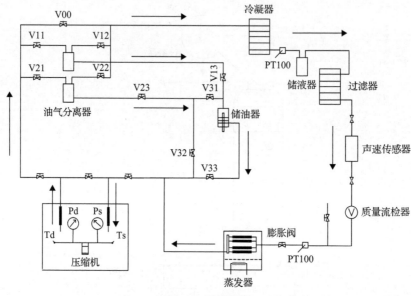

图 5-8　试验装置

　　如图 5-8 所示，在压缩机和冷凝器之间有三个通道。第一个通道直接连接压缩机和冷凝器，阀门 V00 用于控制压缩机和冷凝器。第二个通道连接有油气分离器，阀门 V11 安装在油气分离器之前，阀门 V12 安装在油气分离器之后。通过这个通道，制冷剂和从压缩机排出的油的混合物进入油气分离器，在那里几乎所有的油都从混合物中分离出来。分离的油首先积聚在储油器中，然后通过阀门 V33 返回压缩机。通过控制储油器中的油位，从而用于调节系统中的油。第三个通道包含阀门 V21、油气分离器和阀门 V22。从油气分离器分离出的油可以通过阀门 V31 进入储油器，也可以通过阀门 V32 直接返回压缩机。在相同的条件下，通过比较从声速传感器获得的第一通道和第三通道之间的油浓度，可以计算油气分离器的分离效率。

　　测量制冷系统中油浓度的常规方法是取样法，通常被认为是标准方法，其取样方法比较准确，然而这种方法需要更严格的采样和测量操作，会减少系统中的油量，影响系统的可靠性。此外，该方法不是在线测量，因此无法进行油浓度的实时测量。

　　因此，引入声速法来实时测量油与制冷剂的质量分数，因为声速随油与制冷剂的质量比而变化。

由于制冷剂/油混合物的声速与油浓度的变化直接相关,可以基于油浓度和混合物声速之间的相关关系来获得油与混合物的质量比。制冷剂和油的混合物流入声音测速仪的管道,声音信号从发射器发射,流经混合物,然后被接收器接收。声速传感器测量混合物中的声速,测量信号通过双芯电缆传输至评估单元,评估单元确定用于显示或输出和控制目的的浓度。

声速法具有分辨率高、重复性好、响应时间短、温度测量分辨率高、热惯性小等特点。最重要的是,它实际上对压力、流速和黏度没有影响。声速仪可以实时采集并保存数据。由于没有其他多余的操作,可以用来测量可变条件下的油浓度,同时提高试验效率[141]。

油气分离器连接到系统,表明阀门 V21、V22、V23 打开。从压缩机排出的制冷剂和油的混合物进入分离器,并被分离。然后制冷剂进入冷凝器,而分离的油通过阀门 V23 和 V31 进入储油器。在储油器中控制油位,然后油通过阀门 V33 返回压缩机。同时,用声速仪测得的油浓度是油气分离器后的油浓度。通过将该油浓度与压缩机的排油率进行比较,可以获得油分离效率。

5.2.2　基于激光衍射技术测量分离效率

结合拉格朗日跟踪法的离散单相流模型被用来预测分离器中的油滴轨迹,从而预测分离效率。为了更好地了解分离效率,建立了一个试验台来测量分离效率以及分离器出口处的液滴尺寸分布。通过测量不同工况下离开分离器的油滴尺寸分布和油滴浓度,如喷油流量、排放压力和油气混合物进入分离器的速度,可以识别分离效率评估值和影响因素[142]。

1. 结构

待研究油气分离器的结构如图 5-9 所示。分离器由两部分组成,即水平放置的储罐和垂直放置在储罐上的过滤器。压缩机排出的油气混合物通过入口管连续流入第一级分离罐和第二级分离过滤器。入口管偏心进入储罐,偏离中心线 61mm (图 5-9),并在 30°处左转,以便混合物可以流向挡板,挡板水平放置在左侧的储罐中。相对较大的油滴通过撞击挡板而被分离。被撞击分离出来的油滴在油箱底部,然后返回压缩机,气体和油一起离开油箱进入过滤器。另一个挡板放在过滤器的底部,迫使气流改变方向,以便更有效地分离。从气体中分离残余的较小油滴的第二步主要是通过过滤器表面的油聚结来实现的。聚结的油被收集并流到过滤器的底部,然后进入压缩机进行循环。由于研究的重点是第一级分离,物理模型中没有考虑第二级分离的过滤器。

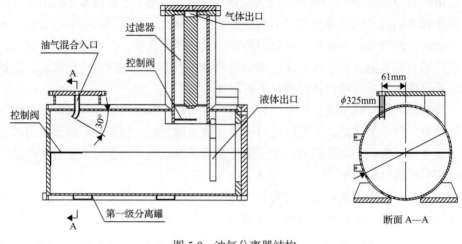

图 5-9　油气分离器结构

2. 数学模型

分离器中油气混合物的流动是气液两相流。由于液相(油)相对于气相的体积分数低,通常小于 10%,有理由假设油相足够稀疏,油滴之间的相互作用可以忽略不计。液滴被认为是球形粒子,而半相模型被用来模拟油滴运动,在油滴运动中,粒子流被注入连续的气相中。

1)气相控制方程

对于连续气相,分离器内存在涡流和湍流,并采用 RNG k-ε 湍流模型进行处理。采用标准壁函数法模拟壁面附近区域的流动。

连续性方程为

$$\frac{\partial \rho}{\partial t} + \frac{\partial}{\partial x_i}(\rho u_i) = 0 \tag{5-2}$$

动量方程为

$$\frac{\partial}{\partial t}(\rho u_i) + \frac{\partial}{\partial x_j}(\rho u_i u_j) = -\frac{\partial \rho}{\partial x_i} + \frac{\partial}{\partial x_j}\left[\mu \left(\frac{\partial u_i}{\partial x_j} + \frac{\partial u_j}{\partial x_i} - \frac{2}{3}\delta_{ij} \frac{\partial u_i}{\partial x_i} \right) \right] + \frac{\partial}{\partial x_j}(-\rho \overline{u_i' u_j'})$$
$$+ \rho g_i + F_i$$

$$\tag{5-3}$$

式(5-2)和式(5-3)组合形成平均纳维-斯托克斯方程。方程(5-3)中的雷诺应力项由式(5-4)表示:

$$-\rho \overline{u_i' u_j'} = \mu_t \left(\frac{\partial u_i}{\partial x_j} + \frac{\partial u_j}{\partial x_i} \right) - \frac{2}{3} \left(\rho k + \mu_t \frac{\partial u_i}{\partial x_i} \right) \delta_{i,j} \tag{5-4}$$

湍流动能方程表示为

$$\frac{\partial}{\partial t}(\rho k) + \frac{\partial}{\partial x_i}(\rho k u_j) = \frac{\partial}{\partial x_i}\left[\left(\mu + \frac{\mu_t}{\sigma_k} \right) \frac{\partial k}{\partial x_j} \right] + G_k + G_b - \rho\varepsilon - Y_M + S_k \tag{5-5}$$

湍流动能耗散方程表示为

$$\frac{\partial}{\partial t}(\rho\varepsilon) + \frac{\partial}{\partial x_j}(\rho\varepsilon u_j) = \frac{\partial}{\partial x_j}\left[\left(\mu + \frac{\mu_t}{\sigma_\varepsilon} \right) \frac{\partial\varepsilon}{\partial x_j} \right] + \rho C_1 S_\varepsilon - \rho C_2 \frac{\varepsilon^2}{k + \sqrt{v\varepsilon}}$$
$$+ C_{1\varepsilon}\frac{\varepsilon}{k} C_{3\varepsilon} G_b + S_k \tag{5-6}$$

在方程(5-3)中，F_i 表示气体和粒子之间的动量相互作用：

$$F_i = \sum \left[\frac{18\mu C_D Re_p}{24\rho d_p^2}(u_{\rho,i} - u_i) \right] m_p \tag{5-7}$$

式(5-7)中，控制体积中的所有颗粒相加，m_p 为油滴的质量流量。RNG k-ε 湍流模型方程，即高雷诺数模型，只适用于高雷诺数的湍流区域；对于墙附近区域，采用标准墙函数法。

2) 油滴运动的控制方程

对于油滴运动，结合拉格朗日跟踪计算进行了收敛的单相模拟，得到了油滴在分离器中的运动轨迹。不同直径的油滴在入口处被释放到分离器中，当它们到达固体壁时停止，在那里油滴被认为黏附在壁表面上。

油滴的轨迹是通过分析作用在颗粒上的力来预测的，其是以拉格朗日形式为参考的[143]。油滴之间的相互作用力被忽略，因为油体积浓度小于 10%。福莱柴尔力(Fletcher force)、巴塞特力(Basset force)、马格纳斯力(Magnus force)和虚质量力都很小，可以忽略不计。因此，目前的研究只考虑重力、惯性力、黏滞力和萨夫曼升力。一个油滴的力平衡方程可以表示为

$$\frac{\mathrm{d}u_\rho}{\mathrm{d}t} = \frac{g_x(\rho_p - \rho)}{\rho_p} + F_D(u - u_p) + F_x \tag{5-8}$$

其中，等号右侧第一项是单位粒子质量的引力；第二项是每单位颗粒质量的阻力；系数 F_D 计算如下：

$$F_D = \frac{18\mu}{\rho_p d_p^2} \frac{C_D Re}{24} \tag{5-9}$$

式(5-8)和式(5-9)中，u 为气体速度；u_p 为油滴速度；μ 为气体的动力黏度；ρ 为气体密度；ρ_p 为油密度；d_p 为油滴直径；C_D 为阻力系数；Re 为相对雷诺数，定义为

$$Re = \frac{\rho d_p |u_p - u|}{\mu} \tag{5-10}$$

方程(5-8)中的最后一项是附加力，包括热泳力、布朗力和萨夫曼升力等。因为其他力比萨夫曼升力小得多，所以 F_x 近似等于萨夫曼升力，表示为

$$F_x = \frac{2K\nu^{1/2}\rho d_{ij}}{\rho_p d_p (d_{lk} d_{lk})^{1/4}} (u - u_p) \tag{5-11}$$

其中，$K=2.594$；d_{ij} 为变形张量；ν 为运动黏度。油滴的速度可以通过在离散时间步长上积分方程来预测。速度的进一步积分产生位移，产生油滴的轨迹为

$$x_p = \int u_p dt, \quad y_p = \int v_p dt, \quad z_p = \int w_p dt \tag{5-12}$$

当轨迹方程通过在离散时间步长上积分来求解时，气体速度是平均气相速度。

3. 边界条件

对于气相流动，速度边界条件设置在分离器的进口，压力边界条件设置在出口。对于油滴运动，逃逸条件设置在入口/出口，捕集条件设置在壁上。

4. 数值方法

用有限体积法离散控制方程，并用 SIMPLE 算法修正压力场。计算使用商业计算流体力学软件 FLUENT 6.1 进行[144]。数值网格是通过折中 RNG k-ε 湍流模型中标准壁函数方法所需的计算时间和第一个单元的大小来确定的。网格划分得如此精细，以至于数值结果与网格无关。模型中应用的计算单元数量为 106184 个，与 135105 个单元的情况相比，出口处计算气体速度的相对误差仅为 1×10^{-5}。

5. 试验装置

由图 5-10 可以看出，压缩机排出的油气混合物首先流入油气分离器，然后进入测量段。分离后的气体流经三个过滤器，然后是储气库。最后，测量流量后，

气体排放到环境中。在分离器中从气体中分离出来的油通过油路管道循环回压缩机，该管道包括油冷却器和油流量计。系统被设计成使得排放压力和注入气体的油的流量可以被调节，以识别影响分离过程和分离效率的主要因素。喷油流量由热交换器后的流量计测量，可通过安装在主喷油管路中的阀门 1 和压缩机吸入管路中的阀门 2 来改变。通过调节阀门 6 的开度，排放压力可以稳定在所需的排放压力。通过在运行期间从油气分离器下游的三个不同等级的过滤器收集油，可以获得从分离器流出的气体中的油浓度。在给定的操作条件下，在 1h 运行时间内从三个过滤器收集残余油，并获得平均值。最终平均值由不同时间获得的三个平均值得出，以减少平均值对结果准确性的影响。通过比较在相同操作条件下不同运行时间获得的数据，用流出分离器的气体中的残余油来划分流入分离器的总油流量，可以估算分离效率。

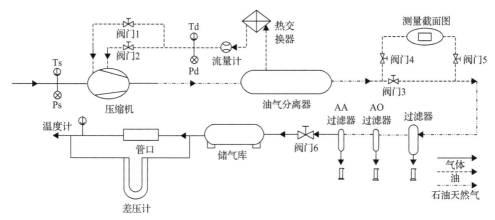

图 5-10 油气分离试验台
Ts 和 Ps 分别代表常温和常压计量值，Td 和 Pd 分别代表加热后的
温度和压力计量值，AA 代表空气过滤，AO 代表油气过滤

    为了获得分离器出口处的油滴尺寸分布，应用激光衍射技术来验证模拟结果并了解油气分离特性。激光衍射法利用平行激光通过粒子云的衍射，它为 0.5～1880μm 的颗粒尺寸提供了广泛的测量范围。液滴尺寸分布由光电探测器测量的衍射光的径向光强分布导出。检测器单元连接到一台控制数据采集和分析的计算机上，这样就可以很容易地获得特征参数，如平均液滴尺寸和体积分布[145]。为了保证测量精度并避免光学玻璃窗口的油污染，引入纯度为 99.99% 的压缩氮气包围测量部分两侧的光学窗口，其直径为 32mm，厚度为 8mm。如图 5-11 所示，测量部分配备了高纯度氮气屏蔽窗口，为两相流提供光学入口。
    油气混合物入口速度由测量的气体流量计算得出。入口速度的最大相对误差小于 0.5%。当入口管直径固定为 30mm 时，通过调节排放压力来改变入口速度。

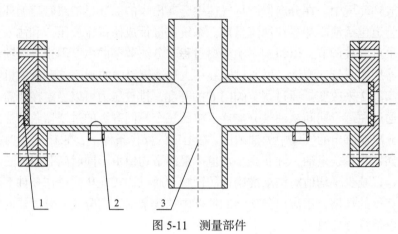

图 5-11　测量部件
1. 光学玻璃；2. 填充氮气；3. 测量管

6. 分离效率

分离效率定义为从油气混合物中分离出的油流量与分离前混合物中的油流量之比：

$$\eta_{Sep} = \frac{V_{o.i} - V_{o.o}}{V_{o.i}} \qquad (5\text{-}13)$$

其中，$V_{o.i}$、$V_{o.o}$ 分别为分离器入口和出口的油流量。

5.3　测试装置设计

5.3.1　方案设计

油气分离设计原理如图 5-12 所示。

本方案为全功能设计方案，可以全功能满足油气分离试验的开展，同时全自动采集、控制、显示，避免误操作。测试装置由油液系统、气源系统、油气混合系统、油液磨粒监测系统、油气分离系统、姿态控制系统、集成控制系统等构成。

1. 油液系统

油液系统由油箱、油泵、单向阀和液体流量计构成。油箱安装有加热器，可以恒温控制工作油液；进行高压试验时，可以利用变频油泵调节产生高压油液；进行压力调控时，利用单向阀控制实现。

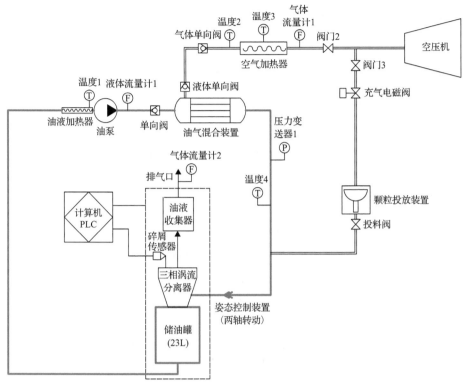

图 5-12　油气分离设计原理图

2. 气源系统

由压缩机、空气过滤器和气体流量计构成，其功能为：①为试验提供定量的清洁空气，由气体流量计监控；②为颗粒投放装置提供高压气流，避免投放过程中颗粒物粘连、附着在投放装置内壁，降低试验误差。

3. 油气混合系统

将油液系统的输出油液与气源系统的清洁空气以设计比例混合，模拟飞行状态的滑油工况。

4. 油液磨粒监测系统

由碎屑投放、监测和处理装置组成，可实现颗粒物的定量投放、在线监测和回收处理。

5. 油气分离系统

实现对碎屑投放后的油气进行分离的功能，通过气体流量计监测评估油气分离性能。

6. 姿态控制系统

模拟不同飞行姿态(主要为 X 轴和 Y 轴旋转),完成动态下油气分离试验。

7. 集成控制系统

整个流程中的各类阀门、传感器、温控仪、流量计、油泵、人机接口(human-machine interface,HMI)等由计算机通过 PLC 实现集成控制。设计 PLC 控制柜,结合"组态王"监控系统,实现对现场的实时监测与控制。

油气分离性能测试装置三维设计图如图 5-13 所示。

图 5-13　油气分离性能测试装置三维设计图

5.3.2　油气分离器设计

图 5-14 为油气分离器的三维设计结果。

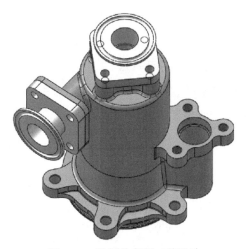

图 5-14　油气分离器三维设计

　　油气分离器应能够将回油中的空气分离并排至通风管，滑油输出效率应不低于 98%；油气分离器应能够将回油中的滑油分离并输至油箱，滑油分离效率应不低于 90%；油气分离器应保证对 0.05mg 到 0.13mg（约 762μm×762μm×25μm）范围的铁磁性颗粒分离效率不低于 70%，对 0.13mg（约 762μm×762μm×25μm）到 0.8mg（约 1000μm×1000μm×100μm）范围的铁磁性颗粒分离效率不低于 85%。

5.3.3　油液磨粒传感器设计

图 5-15 为油液磨粒传感器三维设计图，图 5-16 为油液磨粒传感器电路设计图。

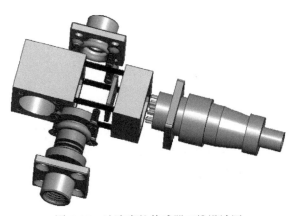

图 5-15　油液磨粒传感器三维设计图

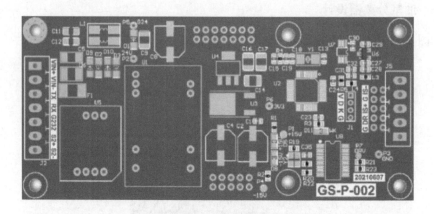

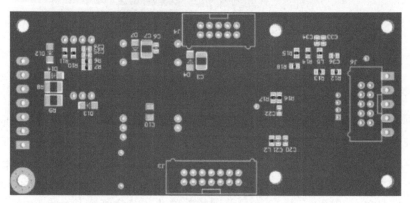

图 5-16 油液磨粒传感器电路设计图

5.3.4 测试平台设计

在发动机功能试验中测量油气分离效率比较困难，其主要难点是无法测量油气混合气源，如油气分离器入口处油液中粒径分布不易测量和控制。为了提高滑油系统在不同飞行姿态下的工作能力，有效避免航空发动机因油气分离不彻底导致的相关故障，需开展油气分离试验台设计。

1. 供油系统 PLC 控制

图 5-17 为供油系统电气原理设计图，图 5-18 为供油系统 PLC 接线图，图 5-19 为 PLC 逻辑控制梯形图，下面主要介绍伺服控制程序(图 5-19(a))、模拟量控制程序(图 5-19(b))、基本动作控制程序(图 5-19(c))。

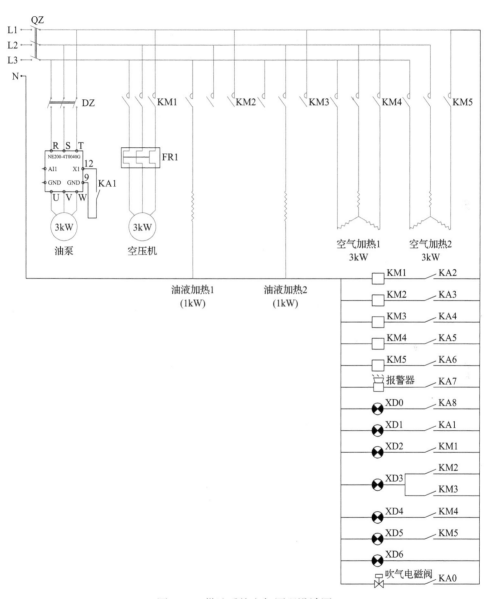

图 5-17　供油系统电气原理设计图

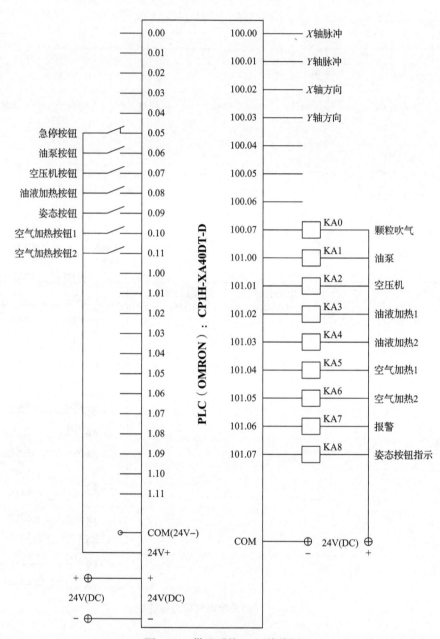

图 5-18 供油系统 PLC 接线图

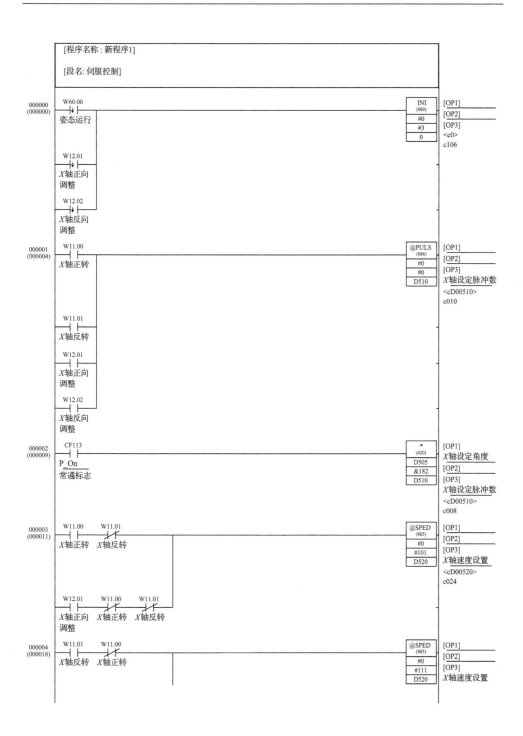

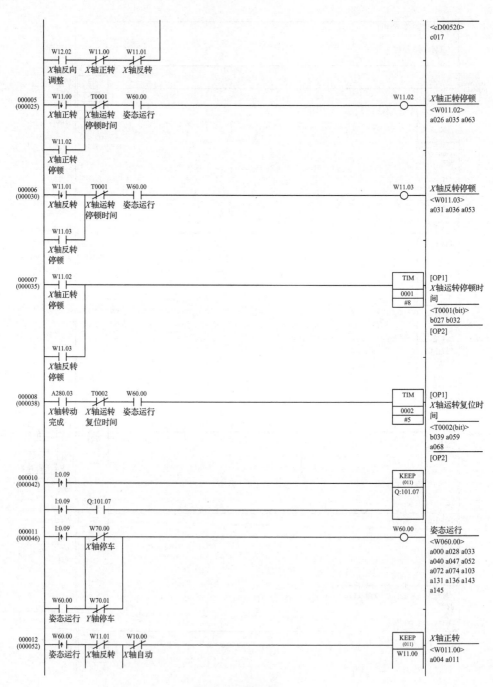

(a) 伺服控制程序

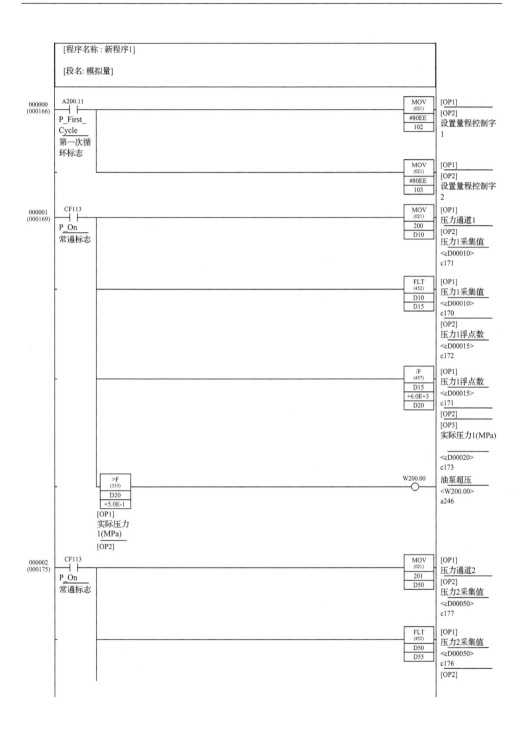

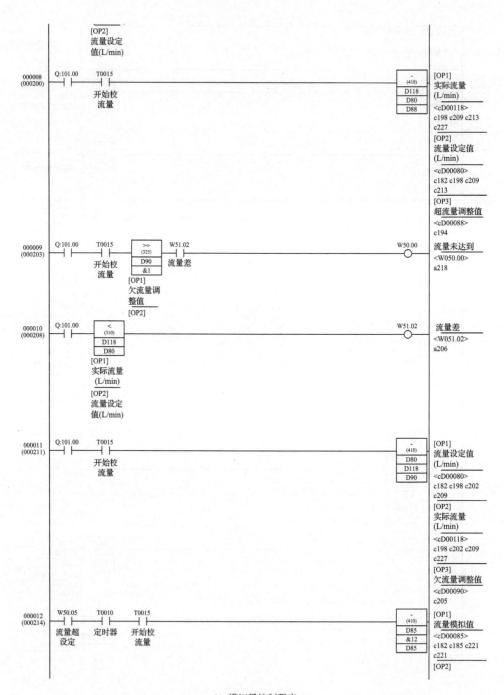

(b) 模拟量控制程序

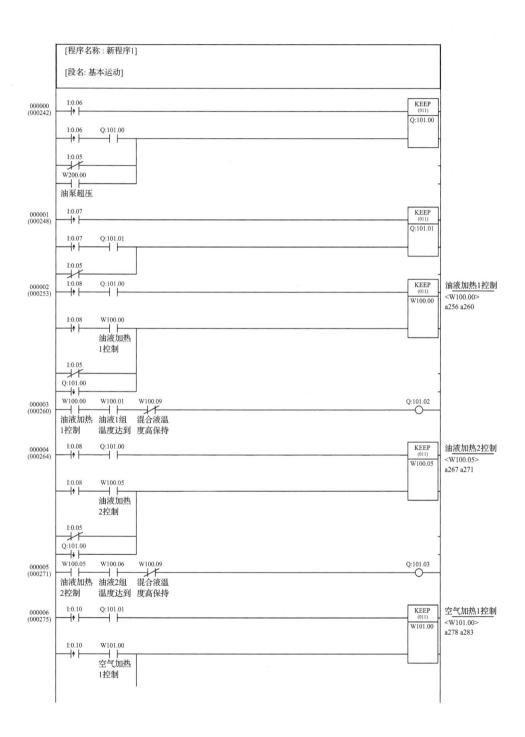

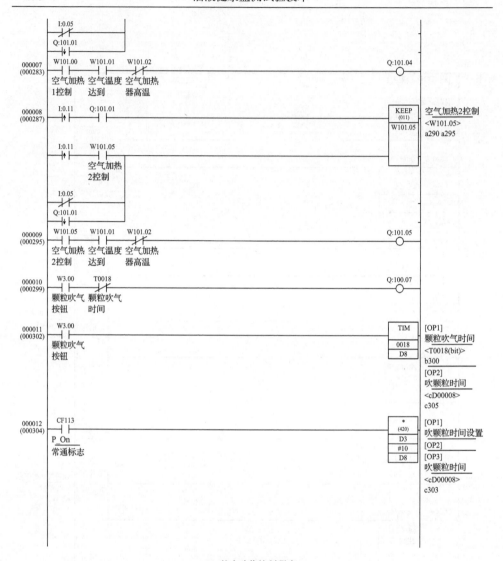

(c) 基本动作控制程序

图 5-19　PLC 逻辑控制梯形图

1)伺服控制程序

本程序模拟空间两坐标(X、Y轴)按输入的角度转动,动态仿真飞机的飞行姿态。

2)模拟量控制程序

本程序将试验中采集的压力、气体流量、液体流量等模拟信号转换成数字信号,通过运算、比较,来控制相关的元器件,达到试验设计的运行指标,同时将这些数据按设定的时间间隔存储于上位计算机中。

3) 基本动作控制程序

本程序实现本试验装置中的各泵、阀、液位传感器等按设计的工艺流程运行，既可以手动运行(按每一个对应的按钮)，也可以自动运行(只需按一个"自动运行"按钮即可)。

2. 平面布局

油气分离性能评测试验装置平面布局如图 5-20 所示。

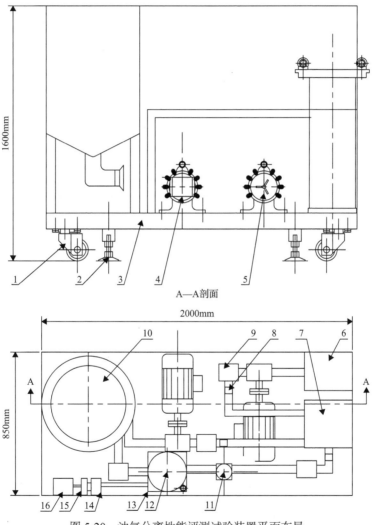

图 5-20　油气分离性能评测试验装置平面布局

1.脚轮；2.调节脚杯；3.机架；4.变频油泵；5.空气压缩机；6.过滤器总成；7.油气混合装置；8.压力传感器；9.电磁溢流减压阀；10.油箱；11.碎屑投放装置；12.三相涡流分离器；13.姿态控制装置；14.定量碎屑传感器；15.定量碎屑处理器；16.计算机

在油箱中加注油液，油液通过变频油泵、单向阀控压后，采集压力信号，将传感器信号连接进入计算机，对传感器进行初始化，做好试验准备。

启动空气压缩机，经空气过滤后，输入油气混合装置，按试验比例混合。待混合稳定后，经碎屑投放装置进入三相涡流分离器，进行油气分离试验。在这个过程中，启动姿态控制装置（在规定坐标下，调整 X 轴和 Y 轴进行飞行姿态模拟）。分离后的油液磨粒由定量碎屑传感器监测，经计算机采集和分析后，得出油气分离效率。

另外，试验台的过油部分全部采用不锈钢制作，确保油路不额外生成颗粒。整个流程中传感器信号连接进入计算机，完成数据采集、存储、分析和计算。

通过以上设计，可以定量模拟油液、气体、颗粒物分布，飞行姿态等油气分离效率在发动机功能试验中的测量要素，解决油气混合气源无法测量的难点，满足了设计需求。

3. 主要部件选型

根据技术指标要求及设计方案，主要部件选型如表 5-1 所示。

表 5-1　主要部件选型

名称	规格型号
油箱	容积 200L，304 不锈钢，带保温夹层
变频油泵	流量 100L/min，工作压力 0.6MPa，变频电机功率 3kW
单向阀	DN25，不锈钢，最大压力 30MPa，适用温度-30~80℃
液体流量计	DN25，高温型
气体流量计	DN25，高温型
过滤器	过滤精度 80μm
压力传感器	压力 0~0.6MPa，输出 4~20mA 电流，不带本地显示
空气压缩机	DFV-0.25/8 三相，额定流量 250L/min，工作压力 0.8MPa，电压 380V
油气混合器	DN50，工作流量 150~300L/min
压缩空气过滤器	最大工作流量 300L/min，最大工作压力 1.25MPa
姿态控制装置	两轴可以任意设置转动角度(0°~360°)和转动速度。两轴可以单独运行，也可以同时运行；包括减速器、机架、伺服控制器、伺服电机、脚轮等

4. 变频器参数设置

变频器出厂时已经设置完毕，非专业技术人员不可随意调整其参数。

F0.02=1　端子控制（用外部端子 FWD、GND 进行启、停）。

F0.03=1　频率设定（频率由模拟量输入端子 AI1 来确定）。

F0.11=60　　最大输出频率。

F0.12=60　　上限频率。

F5.00=1　　电机类型(变频异步电机)。

F5.01=4　　电机级数(4 级)。

F5.02=3　　电机额定功率(3kW)。

F5.03=6.7　电机额定电流(6.7A)。

F5.04=1410　电机额定转速(1410r/min)。

未列出参数为变频器出厂默认值，本机未做设置。

5. 安全性设计

(1)接插件采取防误插设计，防止人为因素对产品造成损害及误动作。

(2)进行防水、防尘密封设计，凹凸槽连接处采用导电密封条，以增强机壳的密封性和电磁兼容性。

(3)产品的表面应无棱角和毛刺，所选材料应无毒、阻燃。

(4)连接应为多点连接，无孤立金属外壳部分，防止造成静电电荷累积。

(5)操作面板上应设计标志使用文字说明，便于用户使用。

(6)设计状态指示灯，可提示工作状态、报警状态等。

6. 主要技术指标

此测试平台可以满足如下要求。

(1)工作介质：Mobil Jet Oil II。

(2)介质温度：−40～160℃，短时 175℃(不大于每飞行小时 5min)。

(3)油气分离器应能够将回油中的空气分离并排除至通风管，滑油输出效率应不低于 98%。

(4)油气分离器应能将回油中的滑油分离并输出到油箱，滑油分离效率应不低于 90%。

(5)分离器对 0.05mg(约 500μm×500μm×25μm)到 0.13mg(约 762μm×762μm×25μm)范围的铁磁性颗粒分离效率不低于 70%；对 0.13mg(约 762μm×762μm×25μm)到 0.8mg(约 1000μm×1000μm×100μm)范围的铁磁性颗粒分离效率不低于 85%。

(6)油气分离器应设置滑油箱压力控制阀(PCV)，压力阀关闭范围为 52～86kPa(绝对压力)。

(7)滑油箱 PCV 应具备泄压功能，在发动机停车后，PCV 应在 5min 内使滑油箱内压力与外界大气压力相差不超过 5kPa。

(8)在规定坐标系下，油气分离器绕 Y 轴旋转最大+30°、−22.5°，绕 X 轴旋转最大±20°，油气分离器分离效果和通风功能不受影响。

(9)在规定坐标系下，油气分离器绕 Y 轴旋转最大 ±40°，绕 X 轴旋转最大 ±30°，油气分离器分离效果和通风功能于 30s 内不受影响。

5.4 软 件 设 计

试验台组态软件操作界面如图 5-21 所示。

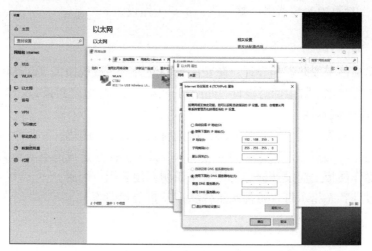

(a) 网关设置

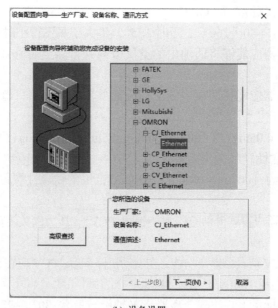

(b) 设备设置

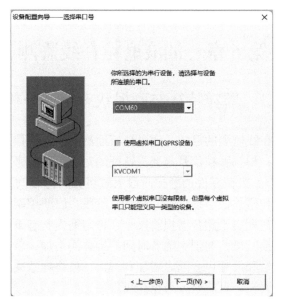

(c) 串口选择

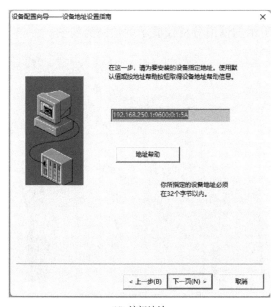

(d) 访问地址

图 5-21　试验台组态软件操作界面

第6章　油液磨粒在线监测

6.1　磨粒特征与磨损状态定性分析

滑油系统磨粒在线监测的目的是通过分析油液中的颗粒信息来对服役设备的磨损状态进行评估，根据颗粒信号与磨损特征的对应关系，来预警未来时刻可能出现的严重磨损[146]。机械零件的磨损阶段大致可分为跑合磨损阶段、正常磨损（或稳定磨损）阶段和事故性磨损（或剧烈磨损）阶段。以摩擦副为主要零件的机械设备，在设备运行初期属于跑合磨损阶段；在稳定磨损状态下磨损率很低且基本无变化；在剧烈磨损阶段，磨损率随着时间的推移而增加，就会导致故障。之后磨损加剧，磨粒数量和尺寸也会随之增加和增大，最终导致突发性事故。若想及时发现突然性严重磨损，只能通过磨粒在线监测。

磨损类别主要分为黏着磨损、磨粒磨损、疲劳磨损（表面疲劳磨损）、腐蚀磨损（化学磨损）等，这些磨损模式的一个共同特征是固体材料与摩擦表面分离，产生磨粒，如图6-1所示的铁谱分析仪展示的铁磁磨粒图。

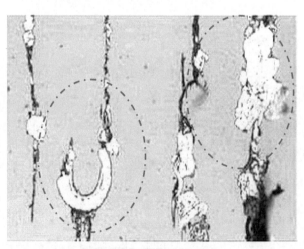

图 6-1　大尺寸铁磁磨粒

在线预警监测需要磨粒的数量和大小来提供磨损程度的信息。离线分析和确定磨损失效机理，需要磨粒的材质和外形，提供有关磨损的类型和磨损失效来源的信息。

表6-1汇总了磨粒特征与磨损状态响应关系。

表 6-1 磨粒特征与磨损状态响应关系

磨粒特征	磨损状态
磨粒数量	判断磨损阶段、磨损程度
磨粒尺寸	判断磨损阶段、磨损程度、磨损类型(疲劳磨损、黏着磨损等)
磨粒材质	判断磨损起因
磨粒形貌	判断磨损类型(疲劳磨损、黏着磨损等)、磨损起因

根据磨粒生成的"浴盆"曲线(见第 3 章),结合油液磨粒特征信息,可通过以下两种方法实现故障阈值确定,具体为:①人工设定阈值,通过机理分析,一旦超过阈值则可认为系统故障;②统计异常识别,采用时频域 3 倍均值误差的边界,确定系统的异常状态。

1. 基于试验测试的人工设定

来自美国国家航空航天局的数据表明[147],在正常磨损阶段,磨粒数量的增长速度比较小,比较平稳,磨粒直径小于 100μm。进入严重磨损阶段时,磨粒数量迅速增加,磨粒直径小于 1000μm。如果磨粒直径超过 1000μm,即使不发生灾难性事故,系统也会严重失灵。航空发动机工况下的轴承磨损试验表明,磨粒大小和数量符合上述统计规律。试验数据表明,飞机发动机轴承突发性事故磨损的磨粒尺寸为 250~900μm,其中直径为 250μm 的磨粒数量占比最大。对于 F119 发动机,正常运行过程(健康状态)每小时产生的磨粒为几十个,而剧烈磨损过程(系统失效或故障状态)每小时产生的磨粒高达几百个。这一过程是个突发跳跃阶段,即若系统失效,则产生的磨粒变化呈现出数量级突变现象。

基于航空发动机运行工况(含负载、操作、环境参数等),对多个运行情况下的磨粒测试信息进行统计,如表 6-2 所示。

表 6-2 飞机发动机滑油磨粒检测需求

参数类型		最小值	最大值	说明
关键性能 技术指标	磨粒尺寸	250μm	900μm	长径比为 1:1~1:7
	磨粒个数	每分钟几个	每分钟几百个	几万至几十万个
工作环境指标	温度	−55℃	120℃	短期 190℃
	振动	0.01g	2.5g	5~5kHz
介质环境指标	油液温度	−55℃	190℃	短期 240℃
	油液流速	0.5L/min	50L/min	存在大量气泡
	油液压力	200kPa	6MPa	黏度 2~50mm²/s

正常磨损阶段磨粒的尺寸较小，磨粒的产生速度也十分平稳，磨粒数量增速较低且比较稳定，当进入剧烈磨损阶段时，磨粒尺寸和产生速度会有明显的改变。通过试验得到磨损发展过程磨粒特征的动态变化数据，即可得到磨粒特征变化规律，从而确定报警阈值。发动机在经过磨合后进入平稳运行的工作状态时，磨粒稳定在一个平衡浓度，这时磨粒产生速度较为缓慢，每小时几个或者几十个。而发动机开始剧烈磨损时，会产生大量的磨粒，此时磨粒产生的速度可达每小时几百个，存在数量级的差别，所以当磨粒的产生速度出现呈数量级的急速升高的情况时，就可以报警。

2. 统计异常识别

滑油系统中磨粒的形成和发展变化过程中，其定量指标存在统计性规律。根据全生命周期磨粒演变信息，分别研究颗粒的个体分布、累计分布、瞬时分布等特征[53]。同时，利用卡方分布分析思想，对以上各分布进行融合分析（分布融合形成新的分布，即 $X = \sum_{i=1}^{n} x_i^2$。其中，x_i 为独立分布，n 为自由度）。卡方分布示意图如图 6-2 所示。由图可以看出，不同的自由度 n，卡方分布曲线不同。所以，卡方分布更符合实际情况。确定卡方分布曲线后（方差 σ 和均值 μ），采用莱以特准则（3σ 准则）来确定阈值。

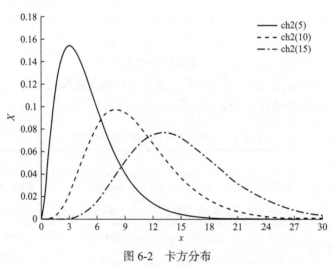

图 6-2　卡方分布

3σ 准则假设测量数据足够多，且测量数据与其总体期望值的偏差服从正态分布，那么 $\mu+3\sigma$ 和 $\mu-3\sigma$ 可以作为该参数的上下阈值。根据正态分布特点，如果测量值落在上下限值的区间内，那么置信水平 $p=95\%$；反之，如果测量值在上下限值区间之外，那么认为此测量值超出正常范围，判定为异常数据(图 6-3)。根据 3σ 准则，如果观测量在 $(\mu-3\sigma，\mu+3\sigma)$ 区间内，那么认为是正常状态，区间之外，那么就判定为异常状态。

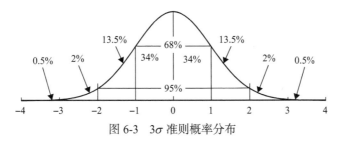

图 6-3　3σ 准则概率分布

油液磨粒在线监测有三个要解决的关键技术问题：①检测滑油磨粒的大小和数量，包括高精度在线磨粒传感设备研发、传感信号与磨粒数据特征的对应关系研究、传感信号的特征提取等。②被监测油品的运行环境影响，对磨粒监测造成干扰。如第 4 章所述，温度变化造成油品黏度变化、磨粒的存在造成介电常数变化(电容式传感器会产生监测误差)、设备振动造成传感噪声等。③样本典型性。例如，当磨粒的速度较低时，磨粒容易被忽视；当磨粒速度较高时，很容易误测多个磨粒同时流过传感器。

6.2　油液分析传感器

6.2.1　MetalSCAN 油液磨损金属监测传感器

GasTOPS 的 MetalSCAN 油液磨损金属监测传感器是目前技术最先进、最有效的磨损金属监测系统。它是唯一能够实现在线、全液流监测的油中磨粒报警仪，能及时捕获油液中铁磁性及非铁磁性磨损金属颗粒，对设备的隐患提供可靠的早期报警。这种传感器直接安装在油路中，通过连接电缆与控制单元连接。此系统带有基于数字信号处理器(digital singal processor, DSP)的信号处理电子学模块，安装在坚固的外壳中，以抗电磁干扰及外界侵蚀。此电子学模块能够处理多达 6 个传感器传输来的原始信号，从中提取有关所监测的金属磨粒的尺寸和类型(铁磁性或非铁磁性的)信息，并将这些信息通过 RS232 或 RS422/485 接口和工业标准串行通信协议传输给机器控制系统[148]。

该传感元件具有三个内部线圈和两个外部磁场线圈，磁场线圈以相反的方向缠绕并靠交流电源驱动，其原理如图 6-4(a)所示。MetalSCAN 可 100%在线监测整个液流中的大颗粒(10～100μm)，从而区分出铁磁性颗粒和非铁磁性颗粒，计算不同粒径范围内的磨粒数量和类型，并进行统计分析。

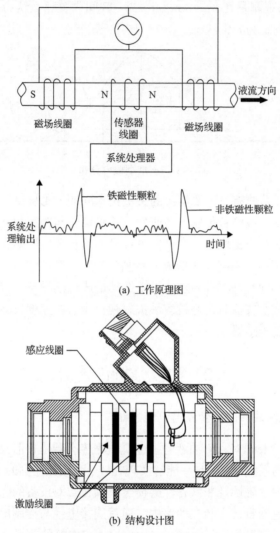

(a) 工作原理图

(b) 结构设计图

图 6-4　MetalSCAN 传感器

　　实践表明，该传感器灵敏度高，检测速度快，可以检测和预测突发事件。结果与试验分析相同，该传感器成功地预测了许多发动机可能会出现的故障并避免了重大事故的发生。

6.2.2　感应式碎屑监测器

　　感应式碎屑监测器(inductive debris monitor，IDM)可以实时监测油中的沉积物，并检测尺寸小至 50μm 的铁磁性颗粒[149]。它监测铁磁性和非铁磁性颗粒的方法与 MetalSCAN 传感器类似，也是直接接入油路，如图 6-5 所示。IDM 测量不受油温、流量、油中空气或泡沫等的影响。

图 6-5　IDM

6.2.3　定量碎屑监视器

1. 感应式磨损传感器/收集器

感应式磨损传感器/收集器(quantitative debris monitor，QDM)捕获并收集铁磁性颗粒，由磁铁、感应线圈和次级自控线圈组成。QDM 去除碎片效率高达 90%。

2. IQ 碎片监测器

IQ 碎片监测器生成与碎片总数成比例的连续模拟信号，灵敏度为 0.1mg(磁性碎片)。与 ODM 一样，IQ 碎片监测器也可以收集沉积物。该传感器已应用于各种直升机，如 CH-47。

6.2.4　导电碎片探测器

Vickers Tedeco 公司生产了两种导电碎片探测器(electric chip detector，ECD)，即普通 ECD 和脉冲 ECD。ECD 有两个独立的电极，当它的磁场收集到铁磁碎片时，这些碎片连接了这两个电极，从而产生开关效应并发出信号。根据上述介绍，不难发现 ECD 存在一个缺点，即报警率虚高，因为一旦有其他碎屑(非油液磨粒)通过磁场，就会连同电极开关并获得电信号。为了克服这个缺点，研发了脉冲 ECD，它利用低电流脉冲信号来清除干扰信号，从而提升有效报警率[150]。普通 ECD 电气原理示意图如图 6-6 所示。

6.2.5　Electromesh 指示器

Vickers Tedeco 公司的 Electromesh 指示器(图 6-7)用于筛查油中是否存在尺寸较大的铁磁性颗粒和非铁磁性颗粒。当监测油品流过指示器时，若有颗粒，则在指示器的电路中连通了"电线"，形成一个"信号开关"，信号"开"则检测到颗粒信息，但仅能显示"有"或"无"。

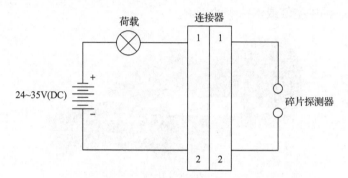

图 6-6 普通 ECD 电气原理示意图

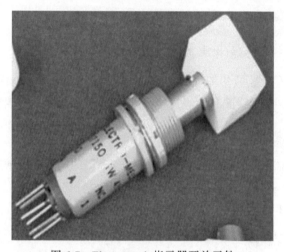

图 6-7 Electromesh 指示器开关元件

6.3 油液在线监测系统

6.3.1 GE90 发动机定量电子磨损监测系统

磨损监测系统(debris monitoring system，DMS)是用于收集并计算油液中的大直径铁磁性颗粒的系统。该系统由三部分组成：感应式磨损传感器/收集器、涡流碎片分离器和信号调理模块。

在 DMS 中，油液监测信号被调理电路放大和滤波后输出，通过判定系统中预先设定阈值(磨粒大小)的大小，来进行系统报警。例如，当输出信号超过阈值时，即判定出现了大直径铁磁性颗粒，随之发出一个脉冲信号。脉冲信号的数量代表了大直径铁磁性颗粒的数量。这就是 DMS 的工作流程。

驾驶舱维修终端(MAT)显示三种 DMS 告警信号[151]：①飞行中检测到的磨粒数量超标时出现的"故障警报"；②系统重置并且检测到的磨粒数量超过标准时出现的"累计磨损警报"；③BIT 输出不正确时发生的"DMS 错误"。

DMS 多次成功预测了 GE90 的致命性故障。实际应用表明，DMS 在最大转速下可检测到高达 90% 的由旋转疲劳引起的轴承磨粒(传统磁塞检测率低于 30%)，报警精度高。

6.3.2　美海军船用发动机油液在线监测系统

1. 涡轮发动机润滑分析系统

涡轮发动机润滑分析系统(turbine engine lubrication analysis system，TELAS)用于燃气涡轮发动机的状态监测，由 8 通道非色散红外光谱仪 NDIR、GasTOPS 的 MetalSCAN 油液磨损金属监测传感器、电源、人机操作系统、油品分析软件等元件或模块组成。此系统可实现燃气涡轮发动机油液的物化指标(如含水率、总酸度)、磨粒指标(如磨粒材质、尺寸、数量)等在线监测[152, 153]。实测表明，TELAS 在线监测结果与专业实验室测试结果一致，特别是含水量检测精度为 20ppm(1ppm=1×10^{-6})(针对美国军用的 MILSPEC 23699 聚羟基酯燃气涡轮机油)，含水率检测重复性>99%(含水率从 200ppm 逐渐变为 2000ppm)。

TELAS 采用了 Belhaven Applied Technologies 公司开发的第二代 8 通道 NDRI。它体积小，抗振耐高温，可直接放置在发动机上。它带有一个可拆卸的采样单元，在可循环采样器中对油样进行在线测试，在可拆卸采样单元执行离线测试，再进行进一步分析。这使得在不改变设计的情况下，可以在不同情况下使用近红外光谱仪对油液进行离线或在线分析，如图 6-8 所示[154]。

图 6-8　SM304 InGaAs 近红外光谱仪

2. AutoLab 系统

该系统用于大型"十字头"柴油发动机,包含:30 通道非色散红外光谱仪 NDIR (微处理器控制)、微型 X 射线荧光光谱仪 XRF(计算机控制,带有 DSP)、微型电动活塞黏度计(微处理器控制)。该系统原理如图 6-9 所示。

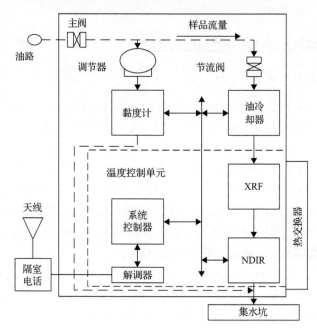

图 6-9　AutoLab 系统原理图

除了增加通道数量,AutoLab 系统中的 NDIR 与 TELAS 基本上相同。为满足美海军对"十字头"柴油机的监控要求,对铁元素的检测范围设计到 20ppm～1000ppm,且在整个检测范围内精度都能达到 ±10ppm。

6.3.3　磨粒在线监测技术指标

磨粒在线监测系统中,大部分监测技术都以磨粒的质量和数量来作为在线监测的参数。在理论上,磨粒的数量、尺寸、材质及表面形貌等特征都可作为磨粒在线监测系统的参数,但是在实际应用中,很多参数的监测很难实现,所以只能选择其中一两个参数作为监测参数,而数量和质量这两个参数无疑在技术上是相对比较容易检测的。

一般地,电容法、电荷法和电感法能够反映出航空发动机磨粒检测尺寸的主要关键技术指标。除了能量探测和光学技术,其他方法也可以满足飞机发动机磨粒监测的技术指标要求,主要技术指标见表 6-3。

表 6-3　各磨粒监测技术主要技术指标比较

在线监测技术	关键技术指标			
	磨粒尺寸要求 250～900μm	磨粒数量要求		温度要求大于 190℃
		小于几个	大于几百个	
电容式技术	20μm～6mm	1	$1.8×10^5$	425℃
电感式技术	100μm～1mm	1	1200	190℃
光纤式技术	4～800μm	4000	$4×10^5$	80℃
超声式技术	45～220μm	1	280	200℃

6.4　关　键　技　术

6.4.1　复杂工况电磁兼容电路关键技术

电磁兼容性(electromagnetic compatibility，EMC)是电路设计需考虑的重要指标之一，是指设备或系统在其电磁环境中符合要求运行并不对其环境中的任何设备产生无法忍受的电磁干扰的能力。因此，电磁兼容性包括两个方面的要求：①设备在正常运行过程中对所在环境产生的电磁干扰不能超过一定的限值；②设备对所在环境中存在的电磁干扰具有一定程度的抗扰度，即电磁敏感性。

电磁干扰是影响电磁兼容性的主要原因。电磁干扰可以分为内部干扰和外部干扰两个方面。内部干扰主要是指电子产品中的各个电子元件之间的相互干扰，具体分为电源线路和接地不良、导线或信号线之间因互相耦合或互感、设备内部元件的散热或稳定性、大功率或高压元件所产生的磁场和电场。外部干扰是指电子设备和系统外所产生的干扰，具体分为高压或电源漏电、外部大功率设备磁场互感耦合、空间电磁、因工况环境不稳定或系统设备内部元件参数改变[155, 156]。

不良的电磁兼容性会造成以下后果：①由于外界的电磁干扰而降低了电路自身的性能；②电路产生电磁波干扰其他电路的性能，这会影响整个系统的工作稳定性。为了提升电磁兼容性，传感器供电电路如图 6-10 所示。

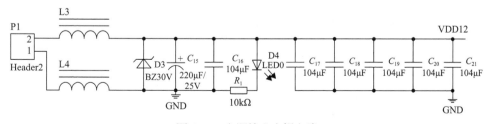

图 6-10　电源输入去耦电路

6.4.2　多参数信号的小波降噪关键技术

小波即小区域的波，仅在非常有限的一段区间有非零值，而不是像正弦波和余弦波那样无始无终。小波分析已经在科技信息产业领域取得了令人瞩目的成就，它主要用在图像和信号处理方面。现今，信号处理已经成为当代科学技术工作的重要部分，信号处理的目的：分析、诊断、快速传递或存储、重构。对于其性质随时间是稳定不变的信号，处理的理想工具仍然是傅里叶分析。但是在实际应用中的绝大多数信号是非稳定的，而特别适用于非稳定信号的工具就是小波分析[157]。

傅里叶变换和小波变换，都涉及分解和重构，需要一个分解的量，任意一个向量都可以表示为 $a=xe_1+ye_2$，这是二维空间的基，其中 x、y 为向量空间的二维表示，e_1、e_2 为各方向的单位向量。对于傅里叶变换的基是不同频率的正弦曲线，所以傅里叶变换是把信号波分解成不同频率的正弦波的叠加和，对于小波变换就是把一个信号分解成一系列的小波，小波变换的小波种类多，同一种小波可以尺度变换，但是小波在整个时间范围的幅度平均值是零，具有有限的持续时间和突变的频率及振幅，可以是不规则的，也可以是不对称的。

信号的噪声一般分为有色噪声和白色噪声两类。有色噪声的去除手段是将其白色化，用白噪声的方式来去噪。因此，去噪研究主要围绕白噪声展开。含有噪声的一维信号的模型可以表示如下：

$$S(t) = f(t) + \sigma e(t), \quad t = 0, 2, \cdots, n-1 \tag{6-1}$$

其中，$f(t)$ 为真实信号；$e(t)$ 为噪声；σ 为噪声强度；$S(t)$ 为含噪声信号。

在科学研究和实际工程应用中，一般认为有用信号为低频信号或相对平稳的信号，而噪声信号为高频信号。所以消噪流程一般如下：①对原始信号进行小波分解；②开展频谱分析识别低频段和高频段；③保留低频信号或平稳信号，去除高频信号；④进行小波重构。

信号去噪实质上是抑制信号中的无用部分，增强信号中有用部分的过程。如图 6-11 所示，小波分析的环节中最关键的是确定阈值，若阈值太小，去噪不彻底，有效信号中仍掺杂大量噪声；若阈值太大，则会丢掉部分有用信息，给之后的信息分析带来困难。一般地，对于一维离散信号，分解的第一层或前几层是高频噪声，后面层和最深层为低频信号。试验结果如图 6-12 所示。

图 6-11　小波分析流程

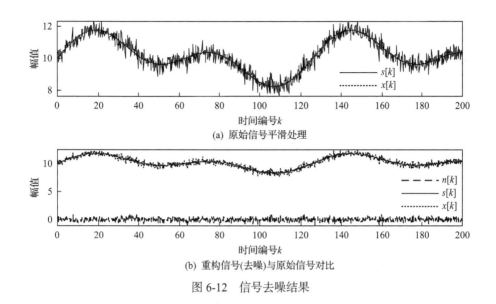

(a) 原始信号平滑处理

(b) 重构信号(去噪)与原始信号对比

图 6-12   信号去噪结果

6.5   油液磨粒在线监测平台

6.5.1   试验平台的搭建

滑油金属屑末在线监测系统试验装置如图 6-13 所示。

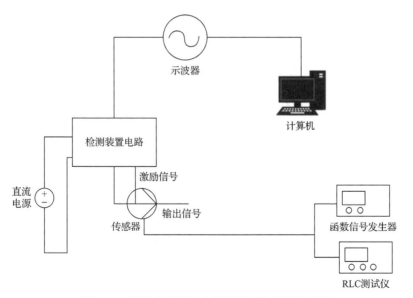

图 6-13   滑油金属屑末在线监测系统试验装置图

6.5.2　传感器

　　传感器结构采用模块化设计，分别包括油液磨粒监测（磨粒参数）、油质监测（混水、黏度、密度、污染度、温度）两个模块，可以选装两个模块中的任一个或者两个模块集成的系统。磨粒监测部分的主要结构为螺线管，其主要作用是当有金属磨粒通过传感器时，产生电压信号。其设计要素详见第 3 章。

　　传感器整体的结构设计如图 6-14 所示。图 6-14 左侧部分为黏度、密度和温度检测部分，右侧为金属磨粒检测部分（图 6-15 为磨粒传感器的纵向截面图），油液按箭头所示方向流经传感器，便可实现对油品磨粒、黏度、密度、介电常数和温度的测量。

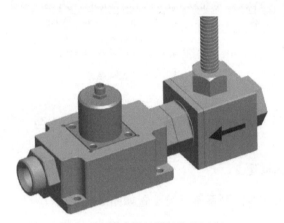

图 6-14　传感器整体结构设计图

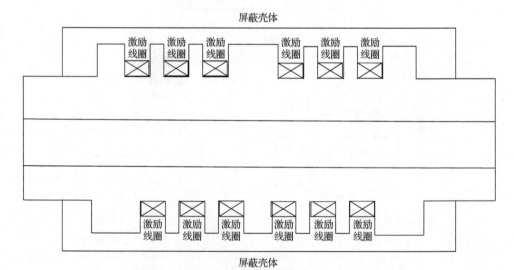

图 6-15　传感器（油液磨粒监测部分）纵向截面示意图

传感器其他部分硬件的三维模型设计如下。

1. 电磁感应线圈骨架设计

电磁感应线圈骨架采用氧化锆陶瓷材料制作，左右各三个槽，用于绕电磁感应线圈，两端直径比中间大，便于圆周定位，其中一端预留一半圆槽，便于漆包线穿过。中间一通孔，用于含颗粒的油液流动。其三维设计图如图 6-16 所示。

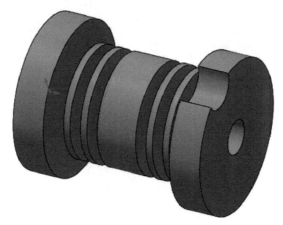

图 6-16　电磁感应线圈骨架三维设计图

2. 传感器壳体设计

采用 304 不锈钢材质，整体材料加工，左右两端加工 M4 的内螺纹，上部加工 M3 的内螺纹。上部预留穿线孔，中间大孔用于安装电磁感应线圈骨架，采用间隙配合，如图 6-17 所示。

3. 传感器端盖设计

采用 304 不锈钢材质，整体材料加工，端面加工 M4 的通孔，该孔与传感器壳体端面的 M4 螺纹孔配合。与传感器壳体端面结合面需要加工密封用的 O 形圈槽。凸起部位加工 G1/4 的内螺纹，用于连接油液管道，如图 6-18 所示。

4. 印刷电路板安装法兰设计

图 6-19 为印刷电路板(printed circuit board，PCB)安装法兰三维设计图。该法兰的主要功能是便于 PCB 接线，从传感器壳体内引出的多根漆包线最后需要焊接于 PCB 对应的引脚上。为方便焊接，特设计此法兰，待漆包线焊接完成后再安装此法兰。

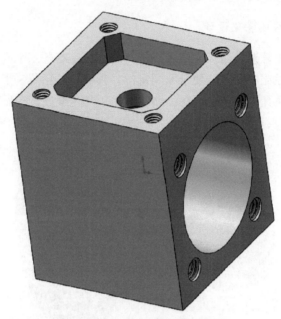

图 6-17　传感器壳体三维设计图

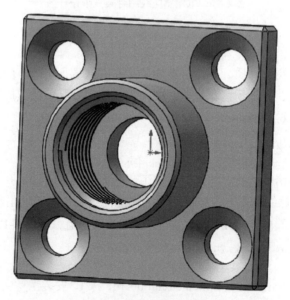

图 6-18　传感器端盖三维设计图

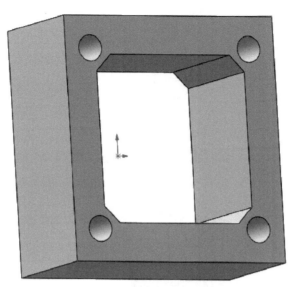

图 6-19　PCB 安装法兰三维设计图

5. 传感器电路板安装盒设计

因本传感器还处于研发阶段，没有量产，选用市面上现有的铝型材仪表盒，上面加工安装航空插座的孔，下面加工安装传感器的孔。底部还需加工用于固定传感器电路板的孔，设计图如图 6-20 所示。

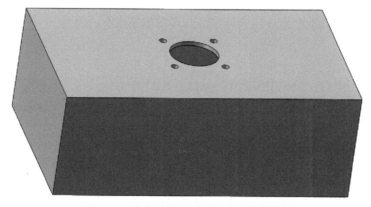

图 6-20　传感器电路板安装盒三维设计图

6. 总装图

其余部件选用标准零件，如密封圈、螺栓、航空插座等，总装图如图 6-21所示。

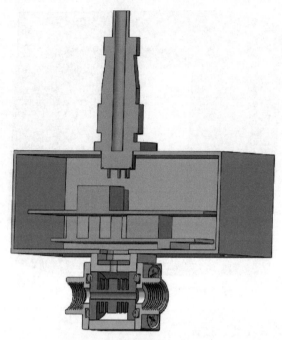

图 6-21　传感器总装三维设计图

图 6-22 为传感器电路设计原理图。

6.5.3　软件系统

软件部分分为上位机应用软件部分和底层驱动部分。

1. 软件环境

软件运行平台：LabVIEW2018、MATLAB2018。
开发平台：Windows 7。
开发工具：LabVIEW2018、MATLAB2018、Simulink。
软件功能框图如图 6-23 所示。

2. 应用软件

应用软件是基于 LabVIEW 和 MATLAB 程序的混合编程实现的。发动机健康在线监测单元仿真系统采用 LabVIEW 进行数据采集，采集的数据通过 MATLAB 进行处理（滤波），处理后的数据传回 LabVIEW 进行显示和分析。
LabVIEW 界面示例如图 6-24 所示。

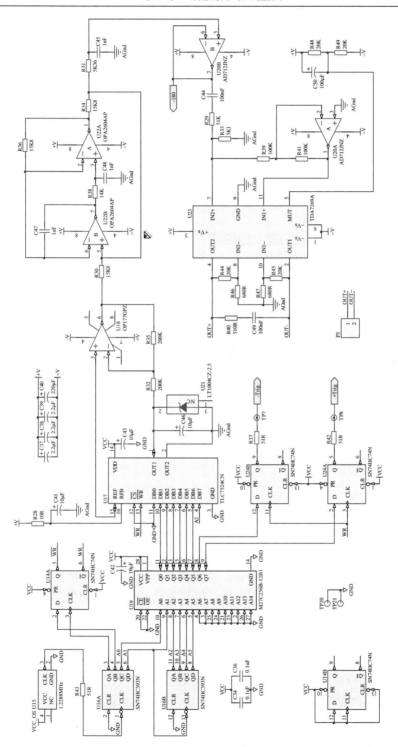

图6-22　传感器电路设计原理图

图 6-23　软件功能框图

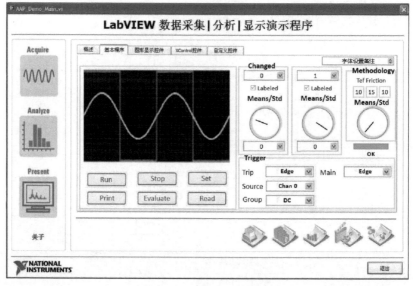

图 6-24　LabVIEW 界面示例

信号采集：仿真系统运行在 x86 的 Windows 单板计算机上，单板计算机通过 PCI(peripheral component interconnect)总线访问 ADC(模数转换器)模块、DAC (数模转换器)模块、通信模块等。发动机健康在线监测单元的传感器采集的数据首先转换成数字信号，通过通信接口(如 RS422 或网络等接口)发送出来，仿真系统计算机运行 LabVIEW 软件，负责接收通信接口的数据。

信号处理：LabVIEW 接收过来的信号包含一定的噪声干扰，需要进行滤波，因为 LabVIEW 自身对信号处理功能不如 MATLAB 强大，所以通过在 LabVIEW 中通过 COM(COM 是 MATLAB 能够封装成的一种形式，而且是基于对象的，可以在 LabVIEW 中成功调用)或者脚本方式调用 MATLAB 程序，如由 MATLAB 进行信号滤波和处理，MATLAB 将滤波和处理完的数据传回 LabVIEW，便于 LabVIEW

进行显示和分析，LabVIEW 和 MATLAB 的调用关系如图 6-25 所示。

图 6-25　LabVIEW 和 MATLAB 的调用关系图

LabVIEW 调用 MATLAB 的方法：①MATLAB 选择 Function ≫ Mathematics ≫ Formula Palette ≫ MATLAB Script，就将该节点添加到流程图中；②LabVIEW 使用 ActiveX 执行该节点，启动一个 MATLAB 进程。

这样就可很方便地在 LabVIEW 应用程序中使用 MATLAB，包括执行 MATLAB 命令、使用功能丰富的各种工具箱。LabVIEW 与 MATLAB 间的通信仅支持 Real、RealVector、RealMatrix、Complex、VectorComplex、Matrix 六种格式的数据，且必须根据具体情况进行选择。采集数据滤波前后的效果对比如图 6-26 所示，通过 MATLAB 脚本调用小波函数处理数据的结构框图如图 6-27 所示。

信号分析：MATLAB 处理后的数据传回 LabVIEW，LabVIEW 将处理后的数据进行回放显示和存储。通过 LabVIEW 工具软件设计窗口，对处理后的数据进行显示和分析，得出发动机的健康状况。

3. 底层驱动

CPU 模块驱动：基于 PCI 设备开发。开发工具为 WINDRIVER。仿真系统的所有接口都基于 PCI 总线操作，作为 PCI 设备访问。

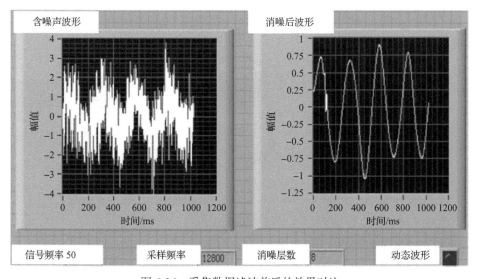

图 6-26　采集数据滤波前后的效果对比

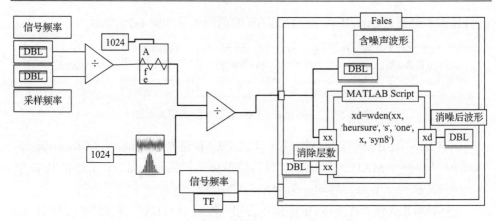

图 6-27　通过 MATLAB 脚本调用小波函数处理数据的结构框图

(DBL 为 Daubechies 小波的阶数)

PCI 设备包含：通信总线如 RS422、ARINC429；ADC 采样接口、DAC 输出接口、DIO 通道。

通信模块驱动：通信模块扩展了 ARINC429 接口和 RS422 接口以及回读通信模块本身的比特信息。

6.5.4　仿真试验

1. 金属屑末试样

根据飞机发动机的实际工况，铬酸碳含量有高有低，选用标准材料 GCR15 作为铁磁碎片，用于机械零件进行深冲和折弯，如铆钉、销钉、螺母等。分别购买 40 目(420μm)、100 目(150μm)和 200 目(74μm)试验用金属屑，形态如图 6-28 所示。

(a)　74μm　　　　　　　　(b)　150μm　　　　　　　　(c)　420μm

图 6-28　测试用金属颗粒形态照片

2. 试验电源

选用优利德数显可调直流稳压电源 RP53005D-2，具体参数如下：

(1)额定输出电压 0~32V；

(2)额定输出电流 0~10A；

(3)输出功率 320W；

(4)纹波电压≤10mV(rms，有效值)，纹波电流≤5mA(rms)。

3. 试验接线

数据整理方式采用自动方式整理数据：通过 Modbus RTU 485 通信发送给上位机软件进行读取。

上位机软件发送指令控制下位机(STM32F103)采集油液磨粒传感器 AD 值，进行等级判定之后，将等级数据发送给上位机。

(1)数据传输方式：异步 8 位，1 位停止位，无校验位。

(2)数据传输速率：9600bit/s。

测试现场连线如图 6-29 所示。

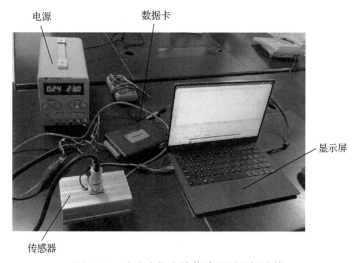

图 6-29　油液磨粒在线传感监测现场连线

4. 试验测试

无油液磨粒通过试验：根据实验室设备，可以通过速度、粒子个数等变量更好地控制测试粒子，防止粒子运动。为了不影响油品检测，采用无油测试装置，如图 6-30 所示。在初始阶段，监测系统的有效性可以通过提供参考材料的测试和基于线路的监测滑油测试平台来确定。

铁磁性与非铁磁性颗粒检测试验：此试验是为了区分不同磨粒材质在通过传感器后所显示的信号，测试对象为单个磨粒。测试时，使用频率为 100kHz 的电源导通激励线圈，将装有铁磁性和非铁磁性的磨粒分别从传感器中匀速通过，示波器得到的信号如图 6-31 所示。如图 6-31(a)所示，感应信号呈正弦分布，先有波峰，后有波谷，为铁磁性颗粒；如图 6-31(b)所示，感应信号呈余弦分布，为非铁磁性颗粒。

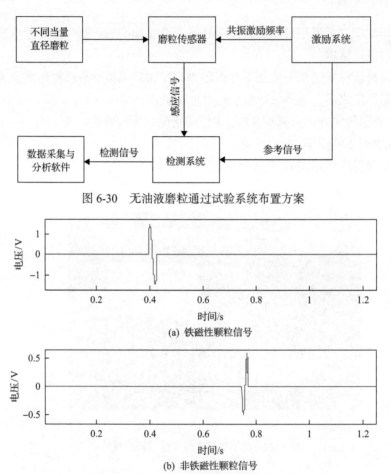

图 6-30　无油液磨粒通过试验系统布置方案

(a) 铁磁性颗粒信号

(b) 非铁磁性颗粒信号

图 6-31　磨粒信号图

　　不同尺寸金属磨粒通过试验：此试验是为了研究不同磨粒尺寸在通过传感器后所显示的信号。图 6-32 显示了 4 组磨粒的监测信号。数据采集分析软件采用自适应坐标系，坐标范围随信号幅值变化，不同幅值的感应信号都能被清晰地显现出来。

　　杨昊[158]研究了不同直径磨粒的感应电压信号，得到试验值曲线，与其信号模拟结果对比如图 6-33 所示。由图 6-33 可以看出，试验值曲线的趋势与模拟结果一致，但数值存在一定差异。

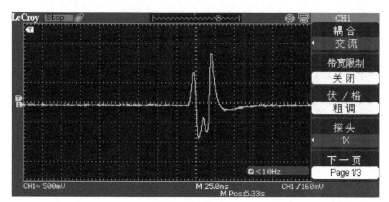

(a) 40目-1颗

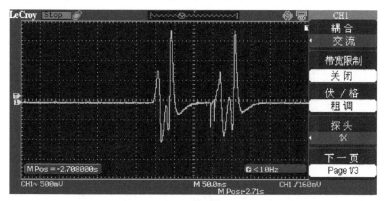

(b) 40目-2颗

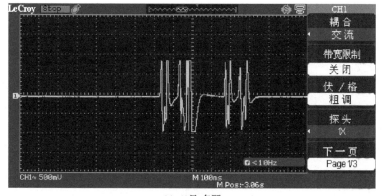

(c) 40目-多颗

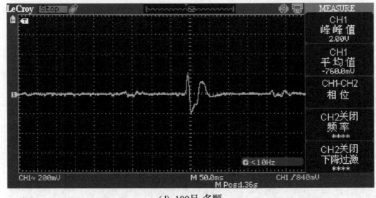

(d) 100目-多颗

图 6-32　两组不同尺寸磨粒监测信号图

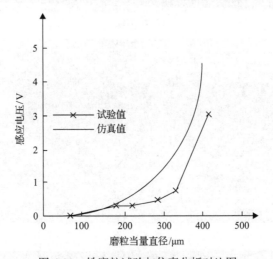

图 6-33　铁磨粒试验与仿真分析对比图

　　试验表明，当粒径较小时，试验误差较小；当粒径增大时，误差也逐渐增大，其原因分析如下：

　　(1)金属颗粒实际尺寸偏小。由于模拟计算中的粒径是根据颗粒的投影面积反证计算出的，而实际颗粒形状更复杂，有可能颗粒较大的一侧对投影有影响，所以计算出的粒径过大。

　　(2)涡流效应的影响。当铁磁性颗粒通过交变磁场时，除了会产生增强磁场源的磁化效应，还会产生削弱磁场源的涡流效应。当磨粒直径较大时，涡流效应显著，会增加测量误差。

　　(3)在大小相等的情况下，非铁磁性颗粒的感应信号幅值会小于铁磁性颗粒的感应信号幅值。这是因为非铁磁性颗粒的磁导率低，磁化效应较弱。由于硬件可以限制传感器的激励频率，无法进一步提高，非铁磁性颗粒的监测精度就低。

所以，要提升传感器的精度，就必须采取改进激励电路、减少监测噪声源等措施。

不同导线长度金属磨粒通过试验：此试验是为了研究不同传感导线长度连接情况下相同磨粒通过传感器后所显示的信号。图 6-34 显示了三组磨粒的监测信

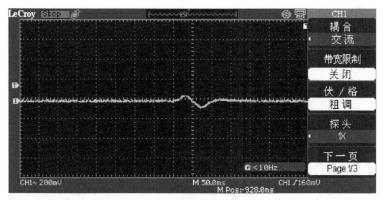

(a) 2mm

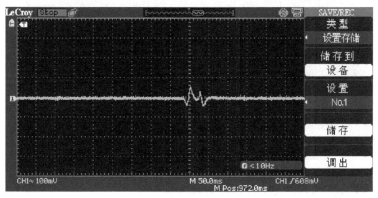

(b) 3mm

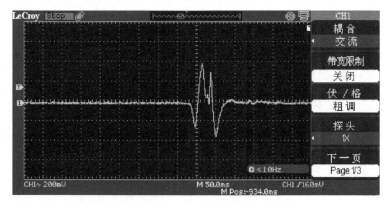

(c) 5mm

图 6-34　三组不同导线长度的磨粒监测信号图

号。导线长度是电磁兼容设计中的关键环节，大部分电磁干扰敏感问题、电磁干扰发射问题、信号串扰问题是电缆导线长度产生的。图 6-34 显示，随着导线长度的增加，传感信号的幅值增加，磨粒波形更加明显，但局部噪声信号也被增强。所以，不同的导线长度对油液磨粒在线监测的精度有显著影响。

铁磁性磨粒台架试验：如图 6-35 所示，用于仿真变速箱油路中在线监测传感器的运行状态。

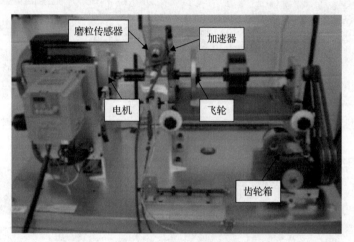

图 6-35　磨粒监测试验台

在实际试验中，有两个操作环节会导致传感器精度降低。这不是硬件问题和软件计算问题，而是测试油品处理问题。所以，需注意：①金属颗粒注入测试油品模拟真实受污染油品环境问题；②测试油品流量控制问题。

如果在试验过程中将金属磨粒直接添加到滑油系统中，因重力作用磨粒通常会沉积在油箱底部(图 6-36)，或因油液表面张力作用，磨粒漂浮在油液面上，导致监测的数值(磨粒信号转换值)低于理论值(实际投入前测量值)，从而带来系统误差。因此，在试验中要做以下工作：使油液循环流动(利用泵提供循环动力)；测试磨粒和少量干净的滑油先混合均匀后再缓慢注入油箱。这样可以有效避免磨粒沉积，大大增加磨粒通过传感器的概率。

图 6-36　滑油路磨粒照片

被检测滑油流量波动幅度较大(即滑油流量不稳定),可能会导致信号不平稳,短时间内传感器监测到的信号多而杂,无法准确读数(即使有滤波处理,其数值也存在测量误差),所以必须对滑油流量进行严格的控制。通过设计多通道并联装置,使传感器满足不同滑油流量的装置要求,流入各传感器的滑油流量可以保持在传感器的有限流量范围内。

另外,由于实际测试中使用的磨粒不一定全部能通过扫描电子显微镜(scanning electron microscope, SEM)准确测量,金属磨粒按尺寸范围分类,并引入粒度测量单位"目"。1目是指1in(1in=2.54cm)长的筛孔数量,数量越大,颗粒越细。本试验设计加入磨粒为40目(420μm)、100目(150μm)和200目(74μm)滑油的铁磁性颗粒,观察所得的传感器监测信号如图6-37所示。

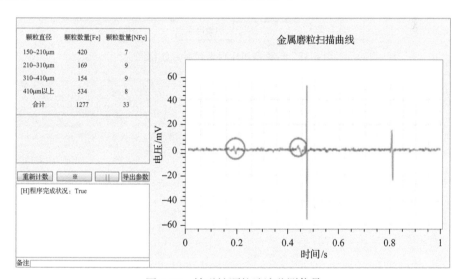

图6-37 铁磁性颗粒油液监测信号

对比台架试验:此试验的目的是与 GasTOPS 公司的 MetalSCAN 传感器做对比,测试自主研发的油液磨粒在线传感器的性能[159]。台架试验系统框图如图6-38所示。

试验表明,两个传感器都可以为流过传感器内部流道的金属颗粒生成正弦波形信号。但是,两种传感器生成的波形略有不同,自主研发的传感器显示的波形有尖峰和偏移量,MetalSCAN 传感器波形更平滑。数据采集和分析软件均可以通过识别测量信号的峰值来确定磨料颗粒的大小,并通过不同的直径范围显示颗粒的数量和类型。

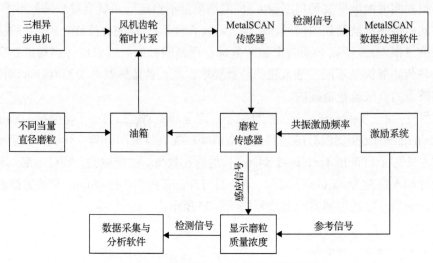

图 6-38　传感器对比台架试验系统框图

参 考 文 献

[1] 张英堂, 任国全. 油液监测技术的现状与发展[J]. 润滑与密封, 2000, 2: 65-66.

[2] 高震. 油液金属磨粒在线监测传感器技术研究[D]. 北京: 北京理工大学, 2016.

[3] Masahide O. High electron mobility InSb films prepared by source-temperature-programed evaporation method[J]. Japanese Journal of Applied Physics, 1971, 10: 1365-1371.

[4] 胡泽民, 施洪生, 亢凯, 等. 基于光学法的油液磨粒在线监测系统设计[J]. 电子技术应用, 2018, 44(8): 52-55.

[5] 彭峰, 王立勇, 吴健鹏, 等. 油液磨粒在线监测技术发展现状与趋势[C]. 全国设备监测诊断与维护学术会议暨第十五届全国设备故障诊断学术会议、第十七届全国设备监测与诊断学术会议, 西安, 2016: 32-34.

[6] Zuo Y, Gu Y. Research of the on-line system for detecting metal particles in oil[C]. IEEE International Conference on Electronic Measurement & Instruments, Yangzhou, 2017: 98-102.

[7] 周洪澍. 我国油液监测技术工业应用的历史、现状与展望[C]. 第二届全国工业摩擦学大会暨第七届全国青年摩擦学学术会议, 福州, 2004: 264-267.

[8] 张嗣伟. 辉煌的 30 年——中国机械工程学会摩擦学分会发展历史的回顾[C]. 全国摩擦学学术会议, 哈尔滨, 2006: 1-5.

[9] 刘凯. 油液在线监测电容传感器的研制及在线测试方法研究[D]. 沈阳: 沈阳理工大学, 2008.

[10] 张行. 基于 LabVIEW 的风电机组油液在线监测及运行状态评价系统[D]. 北京: 华北电力大学, 2011.

[11] 周健. 润滑油液中磨粒智能在线监测系统研究[D]. 合肥: 合肥工业大学, 2011.

[12] 彭娟, 喻其炳, 高陈玺, 等. 全油流颗粒监测技术的研究进展[J]. 重庆工商大学学报(自然科学版), 2012, 29(3): 5-8.

[13] 郭海林, 王晓雷. 基于平面线圈的磨粒监测传感器[J]. 仪表技术与传感器, 2012, 2: 3-4, 11.

[14] 傅舰艇, 詹惠琴, 古军. 三线圈电感式磨粒传感器的检测电路[J]. 仪表技术与传感器, 2012, 2: 5-7.

[15] 冯丙华, 杜永平. 电感式磨粒检测传感器参数的探讨[J]. 煤矿机械, 2005, 10: 52-54.

[16] 张勇, 艾芳旭, 丘雪棠, 等. 车辆油液颗粒污染物随车在线监测技术研究[J]. 润滑与密封, 2011, 36(2): 96-98.

[17] 吴超. 基于综合传动油液分析的在线监测技术研究[D]. 北京: 北京理工大学, 2011.

[18] 李萌, 郑长松, 李和言, 等. 电感式磨粒在线监测传感器的激励特性分析[J]. 传感器与微

系统, 2014, 33(6): 19-22, 30.

[19] 陈讬. 车辆传动油液磨粒在线监测的信号处理技术研究[D]. 北京: 北京理工大学, 2015.

[20] 马璐. 柴油机光谱油料分析故障诊断与专家系统的研究和实践[D]. 北京: 北京理工大学, 1993.

[21] 高虹亮. 铁谱监测技术发展趋势探讨[C]. 全国铁谱技术会议, 广州, 1999: 11-13.

[22] 严新平. 油液监测技术标准体系建设的思考[J]. 中国设备工程, 2010, 2: 63-64.

[23] 亢凯. 油液中磨粒在线检测关键技术研究[D]. 北京: 北京交通大学, 2018.

[24] 赵新泽, 张甫宽, 刘纯天. 油液污染监测用电容传感器探头的研究[J]. 武汉水利电力大学(宜昌)学报, 1999, 1: 68-71.

[25] 曹焱. 电感式油液金属颗粒在线监测技术的研究[D]. 广州: 华南理工大学, 2019.

[26] 何永勃, 徐斌. 基于电容传感器的飞机滑油磨粒检测系统设计[J]. 传感器与微系统, 2016, 35(10): 112-115.

[27] 谷丽东, 赵剑. 润滑油中磨损颗粒在线监测传感器研究进展[J]. 润滑与密封, 2021, 46(9): 154-160, 164.

[28] 苏连成, 崔雪. 电感式磨粒在线监测传感器结构参数优化[J]. 燕山大学学报, 2021, 45(1): 51-57, 69.

[29] Wilson B, Silvemail G. Automated in-line machine fluid analysis for marine diesel and gas turbine engines[C]. JOAP International Condition Monitoring Conference, Mobile, Alabama, 2002: 129-135.

[30] 林丽, 邓春, 经昊达, 等. 基于油液在线监测的齿轮箱磨损趋势分析与研究[J]. 材料导报, 2018, 32(18): 3230-3234.

[31] Yuan Y, Zhao P, Wang B, et al. Hybrid maximum likelihood modulation classification for continuous phase modulations[J]. IEEE Communications Letters, 2016, 20(3): 450-453.

[32] 刘健杰. 基于 ANSYS 的异步牵引电机电磁场分析软件的开发[D]. 长沙: 湖南大学, 2014.

[33] Chang D. Numerical simulation and response surface optimization of oil-gas separator[J]. Chinese Hydraulics & Pneumatics, 2012, 466-467: 396-399.

[34] 马雪皓. 电感式油液磨粒检测传感器的研究[D]. 天津: 天津工业大学, 2019.

[35] Li C, Liang M. Separation of the vibration-induced signal of oil debris for vibration monitoring[J]. Smart Materials and Structures, 2011, 22: 085701.

[36] 陈彬, 刘阁, 张贤明, 等. 润滑油污染在线监测技术研究进展[J]. 应用化工, 2012, 41(7): 1248-1252, 1257.

[37] 严新平, 谢友柏, 萧汉梁. 油液监测技术的研究现状与发展方向[J]. 中国机械工程, 1997, 1: 102-105, 126.

[38] 王国庆. 润滑油液监测技术现状与发展[J]. 润滑油, 2004, 5: 7-11.

[39] 周文新. 装甲装备油液监测[D]. 北京：中国人民解放军总装备部装甲兵装备技术研究所,

2001.

[40] Thomas T, Dag J. Experience with the electronic oil monitoring system of the general electric GE90 gas turbine engine on the Boeing 777 aircraft[C]. JOAP International Condition Monitoring Conference, Mobile, 2002: 53-63.

[41] 葛宏亮. 微弱电容的读取电路设计[D]. 成都: 电子科技大学, 2013.

[42] 陈雪星, 温坚, 曾耀荣, 等. 电磁场的理论美[J]. 玉林师范学院学报, 2005, 5: 35-38.

[43] 李绍成. 基于静电感应和显微图像的油液磨粒监测技术研究[D]. 南京: 南京航空航天大学, 2009.

[44] 陈宏军, 涂群章. 基于油液分析的在线磨损监测技术研究现状与发展趋势[J]. 矿山机械, 2008, 36(24): 22-25.

[45] 王志娟, 赵军红, 丁桂甫. 新型三线圈式滑油磨粒在线监测传感器[J]. 纳米技术与精密工程, 2015, 13(2): 154-159.

[46] 吴超, 郑长松, 马彪. 电感式磨粒传感器中铁磁质磨粒特性仿真研究[J]. 仪器仪表学报, 2011, 32(12): 2774-2780.

[47] 杜玉环. 基于新型光纤传感器的涡轮流量测量技术及应用研究[D]. 西安: 西北工业大学, 2018.

[48] 孙烨城. 基于光纤光栅传感器的变压器多参量在线监测技术研究[D]. 济南: 齐鲁工业大学, 2019.

[49] 王同耀, 马骏. 基于分布式光纤传感器的在线监测系统[J]. 农村电气化, 2015, 11: 5-6.

[50] 梁洁. 油液污染度反射式光纤检测技术研究[D]. 西安: 西安建筑科技大学, 2021.

[51] 刘爽. 基于分布式光纤温度传感器的配网在线监测系统的设计与实现[D]. 成都: 电子科技大学, 2018.

[52] 王潇潇. 光纤式位移及应力传感器关键技术研究[D]. 北京: 北京邮电大学, 2020.

[53] 李川, 梁明, 陈志强, 等. 基于振动信号的滚动轴承智能健康管理[M]. 北京: 科学出版社, 2018.

[54] 林福严. 我国摩擦学的发展及其在国民经济中的作用[J]. 润滑与密封, 2008, 9: 91-94, 107.

[55] 严新平, 张月雷, 毛军红. 在线油液监测技术现状与展望——2011 年全国在线油液监测技术专题研讨会简述[J]. 润滑与密封, 2011, 36(10): 1-3, 7.

[56] 吕纯, 张培林, 吴定海, 等. 基于超声传感器的油液磨粒在线监测系统的研究[J]. 机床与液压, 2016, 44(7): 73-75.

[57] Wilson B W, Hansen N H, Peters T J, et al. Modular system for multi-parameter in line machine fluid analysis[C]. JOAP International Condition Monitoring Conference, Mobile, 2000: 78-85.

[58] 徐超, 张培林, 任国全, 等. 新型超声磨粒传感器输出特性研究[J]. 摩擦学学报, 2015, 35(1): 90-95.

[59] 李继凯, 刘秀平. Gausian 分布表面超声背向散射的研究[J]. 河南师范大学学报(自然科学

版), 1999, 27(1): 30-32.

[60] 明廷锋, 朴甲哲, 张永祥. 刚性球形微粒在超声波聚焦区内的散射[J]. 无损检测, 2004, 26(5): 225-228, 234.

[61] Li C, Peng J, Liang M. Enhancement of the wear particle monitoring capability of oil debris sensors using a maximal overlap discrete wavelet transform with optimal decomposition depth [J]. Sensors, 2014, 14: 6207-6228.

[62] 李楠. 一种小波变换与维纳滤波结合的语音抗噪研究[J]. 电声技术, 2007, 31(5): 46-48.

[63] Li C, Liang M. Enhancement of oil debris sensor capability by reliable debris signature extraction via wavelet domain target and interference signal tracking[J]. Smart Materials and Structures, 2013, 46(4): 1442-1453.

[64] Huang N, Shen Z, Long S, et al. The empirical mode decomposition and the Hilbert spectrum for nonlinear and non-stationary time series analysis[J]. Proceedings Mathematical Physical & Engineering Sciences, 1998, 454: 903-995.

[65] Lei Y, Lin J, He Z, et al. A review on empirical mode decomposition in fault diagnosis of rotating machinery[J]. Mechanical Systems & Signal Processing, 2013, 35(1-2): 108-126.

[66] Ayenu-Prah A, Attoh-Okine N. Comparative study of Hilbert-Huang transform, Fourier transform and wavelet transform in pavement profile analysis[J]. Vehicle System Dynamics, 2009, 47(4): 437-456.

[67] Han J, Baan M. Empirical mode decomposition for seismic time-frequency analysis[J]. Geophysics, 2013, 78(2): 9-19.

[68] Bai Y, Xie J, Wang D, et al. A manufacturing quality prediction model based on AdaBoost-LSTM with rough knowledge[J]. Computers & Industrial Engineering, 2021, 155: 107227.

[69] 李绍成, 左洪福. 油液在线监测系统中的磨粒图像处理[J]. 传感器与微系统, 2011, 30(9): 37-40, 43.

[70] 叶晓洪. 基于专家系统知识的柴油机磨损预测研究[D]. 长沙: 中南大学, 2004.

[71] 毛国强. 基于显微图像与 XRF 技术的航空发动机油液分析系统研究[D]. 南京: 南京航空航天大学, 2009.

[72] 李艳军, 罗锋. 基于神经网络信息融合的发动机磨损磨粒识别[J]. 润滑与密封, 2009, 34(4): 31-34.

[73] Li Y, Wang J, Ji H, et al. Numerical simulation analysis of main structural parameters of hydrocyclones on oil-gas separation effect[J]. Processes, 2020, 8(12): 1624.

[74] 廉书林. 基于灰色理论与神经网络的油液污染和机械磨损状况研究[D]. 郑州: 河南工业大学, 2014.

[75] 蒋志强. 基于微流控的油液监测显微图像分析技术研究[D]. 南京: 南京航空航天大学,

2020.

[76] 杜叶挺. 基于图像数字化处理的油液磨粒检测系统[D]. 北京: 北京交通大学, 2014.

[77] 李一宁, 张培林, 杨玉栋, 等. 在线油液磨粒检测聚焦超声换能器声场特性分析[J]. 机械科学与技术, 2016, 35(6): 853-857.

[78] 左云波, 谷玉海, 王立勇. 电磁式油液金属磨粒检测系统研究[J]. 设备管理与维修, 2018, 13: 21-23.

[79] 李川, 姚行艳, 蔡乐才. 智能聚类分析方法及应用[M]. 北京: 科学出版社, 2016.

[80] 刘君强, 左洪福, 张曦. 一种基于深度学习的发动机滑油磨粒识别方法: 中国. CN111160405A[P]. 2020.

[81] 侯媛媛, 李江红, 薛军印. 基于深度学习的航空发动机滑油磨粒检测研究[J]. 计算机测量与控制, 2022, 30(4): 14-22, 127.

[82] 王涛. 基于深度学习的ECT滑油检测技术研究[D]. 天津: 中国民航大学, 2020.

[83] Li C, Liang M. Extraction of oil debris signature using integral enhanced empirical mode decomposition and correlated reconstruction[J]. Measurement Science and Technology, 2011, 22: 085701.

[84] 王攀, 贾惠芹, 冯旭东. 基于超声波的固体颗粒检测[J]. 电脑知识与技术(学术版), 2015, 12: 196-197.

[85] 王明明, 周晓湘, 申震, 等. 一种油液颗粒度在线监测系统: 中国. CN210037539U[P]. 2020.

[86] 吕纯, 张培林, 张云强, 等. 基于超声传感器的油液磨粒在线检测研究现状[J]. 液压气动与密封, 2015, 35(8): 24-27.

[87] Xin D, Huang S, Yin S, et al. Experimental investigation on oil-gas separator of air-conditioning systems[J]. Frontiers in Energy, 2019, 13(2): 411-416.

[88] 曾岳. 基于网络环境的油液监测数据采集与管理系统的研究[D]. 武汉: 武汉理工大学, 2004.

[89] 任国全, 郑海起, 张英堂, 等. 基于油液分析的自行火炮发动机磨损状态监测研究[J]. 兵工学报, 2002, 23(1): 6-9.

[90] 尚艳强. 基于DSP的电容层析成像检测系统的设计[D]. 天津: 河北工业大学, 2011.

[91] 洪宇. 基于STM32的油液污染检测系统研究[D]. 北京: 北京工业大学, 2018.

[92] 王佳. 线扫描光学相干显微(OCM)系统及应用研究[D]. 南京: 南京航空航天大学, 2017.

[93] 张艳彬. 机器油液微流控检测技术研究[D]. 南京: 南京航空航天大学, 2007.

[94] 赵亮. 油液在线监测系统的图像处理技术研究[D]. 天津: 中国民航大学, 2014.

[95] 安新磊, 乔帅, 张莉. 基于麦克斯韦电磁场理论的神经元动力学响应与隐藏放电控制[J]. 物理学报, 2021, 70(5): 40-59.

[96] 徐志成. 经典电磁场理论的建立及社会影响[D]. 长春: 东北师范大学, 2008.

[97] 王腾. 油液中铁磁性金属颗粒检测仪研制[D]. 济南: 济南大学, 2019.

[98] 孙衍山, 杨昊, 佟海滨, 等. 航空发动机滑油磨粒在线监测[J]. 仪器仪表学报, 2017, 38(7): 1561-1569.

[99] Feng J, Chang Y, Peng X, et al. Investigation of the oil-gas separation in a horizontal separator for oil-injected compressor units[J]. Proceedings of the Institution of Mechanical Engineers Part A: Journal of Power and Energy, 2008, 222(4): 403-412.

[100] 李军, 于方春, 赵刚, 等. 一种典型电容传感器采集故障分析与验证[J]. 航空计算技术, 2022, 52(4): 73-76.

[101] 黄翠萍. 设备维修中项目管理的研究与应用[D]. 上海: 上海交通大学, 2010.

[102] 万洋. 某型航空发动机滑油金属屑末在线检测系统研制[D]. 广汉: 中国民用航空飞行学院, 2019.

[103] Zhou Z, Zhang C, Wang J, et al. Energy-efficient resource allocation for energy harvesting-based cognitive machine-to-machine communications[J]. IEEE Transactions on Cognitive Communications and Networking, 2019, 5(3): 595-607.

[104] Bai Y, Sun Z, Zeng B, et al. A comparison of dimension reduction techniques for support vector machine modeling of multi-parameter manufacturing quality prediction[J]. Journal of Intelligent Manufacturing, 2019, 30(5): 2245-2256.

[105] Ali H, Hariharan M, Yaacob S, et al. Facial emotion recognition using empirical mode decomposition[J]. Expert Systems with Applications, 2015, 42(3): 1261-1277.

[106] 李绍成, 左洪福, 张艳彬. 油液在线监测系统中的磨粒识别[J]. 光学精密工程, 2009, 17(3): 589-595.

[107] 戴婷, 张榆锋, 章克信, 等. 经验模态分解及其模态混叠消除的研究进展[J]. 电子技术应用, 2019, 45(3): 7-12.

[108] 李静云, 安博文, 陈元林, 等. 基于时频特征的光纤振动模式识别研究[J]. 光通信技术, 2018, 42(7): 55-59.

[109] 魏帅充, 王红军, 王茂. 基于EEMD和ICA的轴承故障特征提取[J]. 机械工程师, 2017, 12: 1-3, 6.

[110] Li C, Tao Y, Ao W, et al. Improving forecasting accuracy of daily enterprise electricity consumption using random forest based on ensemble empirical mode decomposition[J]. Energy, 2018, 165: 1220-1227.

[111] 李新欣. 基于希尔伯特-黄变换的船舶声信号特征提取[J]. 哈尔滨理工大学学报, 2014, 19(3): 69-73.

[112] Li C, Liang M. Time-frequency signal analysis for gearbox fault diagnosis using a generalized synchrosqueezing transform[J]. Mechanical Systems and Signal Processing, 2012, 26: 205-217.

[113] 高震, 郑长松, 贾然, 等. 综合传动油液金属磨粒在线监测传感器研究[J]. 广西大学学报（自然科学版）, 2017, 42(2): 409-418.

[114] 李帅. 基于 CAN 总线的便携式油液检测仪设计研究[D]. 长春: 吉林大学, 2014.

[115] 曹海峰. 基于油液监测的设备磨损趋势分析与研究[D]. 太原: 太原理工大学, 2014.

[116] 傅舰艇. 油路磨粒检测方法与电路研究[D]. 成都: 电子科技大学, 2012.

[117] 刘涛. 航空发动机滑油箱油量实时测量方案研究[D]. 沈阳: 沈阳航空航天大学, 2012.

[118] 李冰, 王志博, 乔扬, 等. 航空重力起伏飞行中飞机姿态对测量数据影响分析[J]. 物探与化探, 2014, 38(5): 1024-1028.

[119] 吴森堂, 费玉华. 飞行控制系统[M]. 北京: 北京航空航天大学出版社, 2005.

[120] 胡荣, 吴文洁, 陈琳, 等. 气象因素对飞机进近飞行燃油效率的影响[J]. 北京航空航天大学学报, 2018, 44(4): 677-683.

[121] 郝毓雅, 鲁勇帅. 飞机燃油温度的影响因素分析[J]. 工程与试验, 2019, 59(3): 18-20.

[122] 李红旗. 基于介电常数的车用润滑油在线监测方法研究[D]. 长春: 吉林大学, 2007.

[123] 顾雷. 基于介电常数及透光率的车用润滑油使用阈值研究[D]. 长春: 吉林大学, 2008.

[124] 肖建伟, 杨定新, 胡政, 等. 基于介电常数测量的新型在线油液监测传感器[J]. 传感器与微系统, 2010, 29(4): 102-104.

[125] 刘洪志. 磨损与磨损可靠性[J]. 中国制造业信息化, 2009, 38(17): 65-67, 70.

[126] 刘玉梅, 王庆年, 曹晓宁, 等. 车用润滑油在线监测方法与监测系统[J]. 吉林大学学报（工学版）, 2009, 39(6): 1441-1445.

[127] 彭铁华. 挖泥船液压系统污染度的在线监测与诊断研究[D]. 武汉: 武汉理工大学, 2005.

[128] 袁梅, 林柯, 崔德刚. 飞机燃油油量测量及姿态误差修正方法[J]. 航空计测技术, 2001, 1: 24-26.

[129] 谭公礼. 多传感器的飞机油箱燃油测量系统的研究[D]. 南京: 南京航空航天大学, 2015.

[130] 张晓飞. 基于介电常数测量的油液监测技术研究[D]. 长沙: 国防科学技术大学, 2008.

[131] 安晓星. 电容式液体介电常数测试仪的研究[D]. 唐山: 华北理工大学, 2016.

[132] 李勇军. 基于 ANSYS 对工装动刚度的有限元分析[D]. 成都: 电子科技大学, 2011.

[133] 关丽, 陈行禄. 飞机油量传感器布局设计的 CAD 方法的研究[J]. 北京航空航天大学学报, 1997, 6: 113-117.

[134] 周伟, 王卉, 王澍. 飞机燃油油量传感器优化布局研究[J]. 科技信息, 2012, 4: 406-407.

[135] 莫凡臣. 航空发动机滑油箱油量实时测量的方法研究[D]. 沈阳: 沈阳航空航天大学, 2015.

[136] 谢艳娇, 黄华, 陈雄昕, 等. 某型飞机燃油计算软件算法研究[J]. 教练机, 2021, 2: 9-12, 26.

[137] 关丽, 陈行禄. 用多维查表法解决飞机燃油油量测量中的数据处理问题[J]. 测控技术, 1997, 1: 41-43.

[138] 黄锟腾, 陈健勇, 陈颖, 等. 气液分离技术的研究现状[J]. 化工学报, 2021, 72(S1): 30-41.

[139] 黎亚洲, 廖晓炜, 刘峰, 等. 油气分离装置的研究进展简介[J]. 中国特种设备安全, 2020,

36(7): 22-25, 30.

[140] 孙秀君. 油气分离器数值模拟与分离性能研究[D]. 哈尔滨: 哈尔滨工程大学, 2006.

[141] 杨振生. 面向磨削烧伤问题的间接监测技术研究[D]. 杭州: 浙江大学, 2013.

[142] 赵雪峰, 何利民, 吕宇玲, 等. 内置静电聚结构件油水分离器液滴聚结特性[J]. 油气田地面工程, 2013, 32(1): 1-3.

[143] 诸丽燕. 基于电容传感器的微小孔径测量系统研究[D]. 杭州: 杭州电子科技大学, 2016.

[144] 李贝贝, 刘秀梅, 龙正, 等. 基于 Fluent 的节流阀油液空化流场数值分析[J]. 振动与冲击, 2015, 34(21): 54-58.

[145] 陈阳正. 气水两相流位移电流相位层析成像方法与系统研究[D]. 西安: 西安石油大学, 2021.

[146] 姚荣麟. 基于状态监测数据的数控刀架健康状态评估研究[D]. 长春: 吉林大学, 2021.

[147] 李宝玺. 电磁式金属磨粒传感器理论与实验研究[D]. 长沙: 国防科技大学, 2013.

[148] 朱子新, 陈栋, 张晶, 等. 航空发动机大颗粒金属磨屑监控技术[J]. 航空维修与工程, 2006, 3: 30-32.

[149] 孙衍山, 邓可, 王钧. 液压油水污染在线连续检测传感器研究[J]. 润滑与密封, 2015, 40(7): 102-105, 132.

[150] 吴育德. 微电感涡流传感器检测金属磨粒的研究[D]. 北京: 北京工业大学, 2013.

[151] 刘德峰, 高云端, 张龙喜, 等. 磁塞式油液磨粒在线收集器的结构设计及数值模拟[J]. 测控技术, 2014, 33(9): 146-149.

[152] 李鑫. 柴油机润滑油状态在线监测技术研究[D]. 大连: 大连海事大学, 2013.

[153] 赵雪英. 原油含水率测试技术及装置的研究[D]. 沈阳: 沈阳工业大学, 2003.

[154] 刘洁. 电磁型油液磨粒在线监测传感系统的研究[D]. 新乡: 河南师范大学, 2018.

[155] 卢炼. 新型电感耦合及数字滤波的 ECT 系统[D]. 北京: 华北电力大学, 2019.

[156] 陈智, 邱跃洪, 张伯珩. 基于 CPLD 的 CCD 驱动电路的设计[J]. 科学技术与工程, 2007, 12: 2964-2967, 2971.

[157] 郭毅斐, 张晓钟, 孟凡芹. 航空油液在线监测技术综述[J]. 化工自动化及仪表, 2017, 44(11): 1013-1018.

[158] 杨昊. 基于 ECT 的航空发动机滑油磨粒在线监测方法研究[D]. 天津: 天津大学, 2018.

[159] 徐杰. 嵌入式润滑油液特性监测分析系统[D]. 南京: 东南大学, 2017.